★畜禽科学用药丛书★

养兔科学用药指南

向 前 主编

河南科学技术出版社

·郑州·

图书在版编目（CIP）数据

养兔科学用药指南/向前主编 . —郑州：河南科学技术出版社，2013.9
（畜禽科学用药丛书）
ISBN 978 – 7 – 5349 – 6426 – 8

Ⅰ.①养… Ⅱ.①向… Ⅲ.①兔病 – 用药法 – 指南 Ⅳ.①S858. 291 – 62

中国版本图书馆 CIP 数据核字（2013）第 124670 号

出版发行：河南科学技术出版社
　　　　　地址：郑州市经五路 66 号　　邮编：450002
　　　　　电话：（0371）65737028　65788613
　　　　　网址：www. hnstp. cn
策划编辑：陈　艳
责任编辑：李义坤
责任校对：李振方
封面设计：张　伟
版式设计：栾亚平
责任印制：张　巍
印　　刷：河南写意印刷包装有限公司
经　　销：全国新华书店
幅面尺寸：140 mm×202 mm　　印张：8.25　字数：223 千字
版　　次：2013 年 9 月第 1 版　　2013 年 9 月第 1 次印刷
定　　价：16.00 元

如发现印、装质量问题，影响阅读，请与出版社联系调换。

《养兔科学用药指南》
编写人员名单

主　编　向　前
副主编　王郑建　张秀江　王红云
参编者　（按姓氏笔画排序）
　　　　　王江涛　王红云　王郑建　向　前
　　　　　向凌云　向道远　张秀江

主编简介

向前，男，1940 年 7 月出生，汉族，中共党员，河南省方城县博望镇王张桥村人，1966 年毕业于武汉大学生物系动物专业。曾任河南省科学院生物研究所党办主任、副所长，河南省商城县副县长，河南省科学院黄淮海平原开发办公室副主任、副研究员等行政职务和技术职务。社会兼职曾任中国特种动植物协会（筹）常务理事、河南特种动物养殖协会副会长、河南省生态学学会副秘书长、河南省畜牧经济研究会副会长、河南省野生动物保护协会常务理事、果子狸研究会会长。现任中国兔业协会常务理事、专家团成员、中国兔业协会专家团河南分团团长，河南省12316 "三农" 热线专家团成员。

曾被河南省人民政府授予 "科技兴农先进工作者" "科技扶贫先进工作者"，被河南省林业厅、野生动物保护协会授予河南省野生动物保护先进工作者，省直机关党委授予 "优秀党员" 称号。2010、2011 年两年在 12316 "三农" 热线服务工作中成绩突出，被评为十大明星专家。2012 年 11 月 17 日在北京召开的 "中国兔业三十年峰会" 上被评为 "先进兔业科技工作者"，受到中国兔业协会的表彰。

前　言

　　我国是农业大国，农业人口占很大比例，虽然近些年外出务工的人很多，但仍有一部分中青年因为家有父母和孩子，放心不下，愿意回乡创业，一来成就一项事业作为自己今后的收入保证，二来便于照顾老人和孩子。在养殖业中家兔生产是一项投资少、见效快、效益高的短、平、快项目。创业起步阶段先利用自己家的庭院饲养 50 只优良基础母兔，一年出售 1 500 只商品兔，纯收入可达 5 万元左右。所以选择养兔项目的人比较多，目前我国已经发展成为世界上的养兔大国。但是，我国养兔生产的特点是规模小、分散，现代化、规模化、科学化的养兔场所占比例小。

　　家庭养兔者生产技术和生产经营水平差距比较大，不少养兔生产者很少系统学习养兔技术，不懂家兔疾病防控技术，不知道哪些物质可以作为添加剂能长期在饲料中添加，哪些物质不能像添加剂一样长期在饲料中添加；知道抗生素能防病、治病，就认为用量越大越好，用的时间长比时间短好，结果滥用抗生素。有时产生药物毒性反应，有时候出现肠道病原菌产生抗药性，造成兔群生命力弱，容易生病，所以就出现"兔难养"的说法，当然也确实出现由于不懂养兔技术而造成兔群发病率高、死亡率高、养兔效益不高的现象。

为了指导一部分中青年在家乡自主创业养好兔，并取得很好的经济效益，带动一部分人共同致富，成为养兔发展的带头人，笔者编著了这部《养兔科学用药指南》。本书共十章，分别介绍了养兔用药的基本知识、养兔常用的消毒防腐剂、兔用生物制剂、抗微生物药物、抗病毒药物、抗寄生虫药物、性激素类药物、解毒药、用于消化系统的药物、饲料添加剂与预混剂等。每一种药物都分别介绍它的理化性质、作用与用途、用法与用量及用药的注意事项等。特别是在用药注意事项一栏内注明了哪些药能与另一类药联合使用，哪些药不能与其他药物联合使用。即告诉养兔生产者，对兔群进行疾病防控、提高养兔的经济效益，必须科学用药，如果用药不当、不对症，不但造成浪费，有可能延误治疗最佳时机，甚至造成药物中毒事件和兔死亡，以致造成严重的经济损失。

家兔个体小，生命力弱，生病后病程短，一旦生病，两三天就得控制住病情，不然就会失去治疗机会。所以一旦发现家兔生病，根据病状应及时选准药，最好联合用药，直到病情见轻方能有治愈的希望。过去没有专门的针对兔用药剂量的书，很多药物手册中载入的药品没有兔用剂量，本书所载每个品种的药品都有家兔的用药剂量，给养兔生产者治疗兔病提供了科学依据，以免不合理用药造成药物中毒等现象。希望本书能够成为养兔生产者和养兔技术员的良师益友，指导其科学用药，特别是对防病、治病经验不足、缺乏药物知识的养兔生产者，更有指导意义。

本书为国内养兔科学用药的首部书，由于编者水平有限，在编著时如有疏漏、错误之处，敬请广大读者批评指正。

向　前

2012 年 4 月于郑州

目　录

第一章
养兔用药的基本知识

第一节 兽药基本知识

　　兽药是家禽、家畜、水生和陆生特种养殖的动物用于预防和治疗疾病或调节生理功能的疫（菌）苗、药物和添加剂，其中包括中草药和中成药，化学原料药及其制剂，抗生素、生化药品和生物制品等。饲料添加剂是为了预防兔的疾病、促进生长发育和长毛等特殊需要而加入兔饲料中的微量的营养性或非营养性的有特殊功能性物质或药物，以满足兔体的需要。兽药如果应用适量会起到防病、治病或促进生长的作用，如果用量过少则起不到应有的作用；如果用量过大会对兔体造成损害，严重时中毒而死亡，绝不是愈多愈好。

　　家兔规模化、商品化生产的时间不长，家庭式非规模化养兔的比例较大，很多养殖户不会科学用药，另外，很多药物手册上没有兔的规范用药量，所以写一本养兔科学用药指南的书也是十分必要的，让养兔户学会科学用药，充分发挥药物有利的一面，避免或克服药物对兔体有害的一面。为了达到养兔生产的安全有效，必须系统地了解兽药知识，以便合理地选用家兔用药。

一、药物对兔体的作用

药物进入兔体内以后，能引起兔机体的组织反应或抑制、杀死兔体内的病原体，让兔体恢复或保持健康。同时药物也会受家兔机体的影响发生变化，即药效由强变弱，最后消失，所以连续用药间隔时间有长有短。

（一）兽药作用的基本形式

兽药作用的基本形式有两种：兴奋和抑制。兽用药物对家兔的生理功能的影响，基本表现为功能的增强或功能的减弱，增强者称为兴奋，减弱者称为抑制。药物的兴奋作用或抑制作用都不是独立表现的，在同一兔体内同一药物对不同器官可以产生不同的效果。例如，兴奋用的药物——咖啡因对心脏呈现兴奋作用，加强心脏的收缩，而对血管则有扩张、松弛的作用。兴奋和抑制是矛盾的两个方面，在一定条件下，可以互相转化。例如对中枢神经系统过量使用咖啡能引起中枢神经系统过度兴奋、惊厥转入抑制状态。

（二）兽药的选择作用

某一种兽药被家兔吸收后，并不是对所有的组织或器官产生同样的强度。药物的选择作用就是说，某一种药物服用适当的剂量时，只对某一器官或组织产生明显的作用，而对其他器官或组织作用很小或几乎无作用。例如洋地黄对心脏有收缩作用，心脏就是它的选择部位，但对其他器官或组织无明显作用。再如抗生素有的对革兰氏阳性菌杀伤力强，对革兰氏阴性菌杀伤力不强。但是有一些抗生素则相对革兰氏阴性菌杀伤力强，对革兰氏阳性菌杀伤力则不强。

这种选择性往往是相对的，不是绝对的。有的药物往往对几个组织或器官都起作用，只是作用的强度不同而已。选择性高的药物，不良反应小，疗效好，可以有针对性地治疗某些器质性疾病。

（三）兽药作用的临床表现

使用兽药防治家兔疾病时，药物对兔体的作用表现为以下几个方面：

1. 治疗作用　在治疗兔病时，药物能针对性地对患病组织或器官产生主要的或明显的作用，而对其他组织或器官几乎无作用，达到对患病部位的治疗作用，恢复因患病受到的破坏，达到对患病部位治疗的目的。治疗作用又分对因治疗和对症治疗两个方面。

（1）对因治疗：兽药对防治兔病，特别是防治传染病和寄生虫病都能起到重要作用。人们一直利用抗生素和抗寄生虫药物治疗兔的传染性疾病和球虫病，取得了很好的效果，即病因消除了，由其引起的疾病也就随之消失了。

（2）对症治疗：家兔患病后出现的一种症状或几种症状，如兔患大肠杆菌病后患兔会出现腹胀、腹中有水的晃荡声，进而腹泻等症状，病情严重时症状就特别明显，经过抗生素治疗，症状就消失了。

2. 不良反应　不良反应表现在以下几个方面。

（1）副作用：有些药物具有多方面的药效，在治疗兔病时我们只利用了药物的某一功效，其他的功效也在治病的过程中显现出来，但是它们与治疗无关，甚至对兔体产生不良反应，这种对兔体的不良反应就是副作用。药物的副作用在研制过程中就已经被发现，用药时已有预见，会周密考虑，设法避免，尽量不让出现顾此失彼的情况。

（2）毒性作用：药物的毒性作用也称毒性反应，可引起家兔机体某些器官的损害，或中枢神经系统紊乱。毒性反应多数是用量过大或用药时间过程过长，药物聚集所造成的。所以用药要掌握药物剂量和连续用药时间，特别是对毒性作用较大的药物，更要严格掌握，合理用药，避免出现毒性反应。

（3）过敏反应：过敏反应又称变态反应，是兔体受药物刺激而发生的异常免疫反应，从而引起的生理功能性障碍或组织损伤。药物多为外来异物，虽然不是全抗原，有些算得上半抗原，如抗生素药物、磺胺类药物等，与血浆蛋白或组织蛋白结合后，形成全抗原，便可以引起兔体体液性或细胞性免疫反应，出现流涎、呼吸困难、心跳加快，以致休克等症状。这种反应与剂量无关，反应性质各不相同，很难预知，致敏源可能是药物本身或其他体内的代谢产物，也可能是药物制剂中的杂质。药物的过敏反应在养兔生产中不太容易发生。

（4）继发性反应：继发性反应也就是药物治疗过程中引起的不良后果。在养兔生产过程中常常遇到继发性反应，例如抗球虫药长期使用会引起继发性失效；长期或大量地使用抗生素药物，会使兔体内常在病原菌产生抗药性，原来对某种抗生素敏感的菌株现在不敏感了，再发生此类病菌的菌株感染，还用原来的药物剂量治疗收效就很差了。这种由抗药性的病菌继发性感染发生的疾病称"二重感染"。

（5）后遗效应：这种效应是指停药后血液中药物已降至最低有效浓度以下时的残存药理效应。例如家兔发生感染疾病后，很多养兔生产者习惯大剂量地、超连续使用时间地应用抗生素，使患兔疾病症状控制住以后，出现顽固性不食或少食，致使患兔体质降低、免疫力下降而又患病死亡。

二、药物在兔体内的转化过程

药物从兔口进入兔体到排出的过程，称为药物的体内过程。整个过程包括：在体内的吸收、分散和排泄，以及药物在体内发生的化学变化（药物转化）两个方面。

（一）药物在体内的转运

药物必须通过细胞膜的转运才能达到作用点，并产生作用。药物以各种方式透过体内屏障结构才能完成转运过程，一般有两种方法：一是简单扩散，二是特殊转运。

1. 简单扩散　药物通过细胞膜时，按物理的扩散和过滤方式进行转运。即药物从高浓度向低浓度透过细胞膜称简单扩散，亦称被动转运。凡属脂溶性药物、水溶性小分子和不解离的药物，常以这种方式穿过生物膜的孔道而转运。大多数药物在机体内部以简单方式转运。

2. 特殊转运　某些非脂溶性、大分子物质，如葡萄糖、氨基酸、金属化合物的转运，需要通过细胞膜上的载体参与才能完成，也称主动转运。即被转运的物质先与载体（细胞膜上的一种蛋白质成分）在膜上结合成复合物，这种复合物是可逆性的，透过细胞会把药物释放出来后，载体重新回到细胞膜外的原位，再与药物结合继续转运。这些药物和营养物质由膜的低浓度侧向高浓度侧转运的过程需消耗能量。小肠吸收葡萄糖和氨基酸时，这些非脂溶性大分子物质即是通过这种载体转运方式进行转运的。

（二）药物的吸收

药物进入兔体后通过各种途径进入血液循环，称为药物在体内的吸收。大多数药物必须通过吸收后才能发挥作用。药物吸收的快慢、难易，由药效出现的迟早、强度反映出来。吸收快的药物，作用出现迅速；吸收慢的药物，作用出现的缓慢但持久。影响药物吸收的因素有药物本身的理化特征、给药途径和吸收环境等，其中给药途径关系最大。

1. 肌内组织及皮下吸收　经肌内或皮下注射，药物通过毛细血管壁以被动转运方式吸收。由于注射部位的组织含有丰富的毛细血管，血流量多而且药物通过毛细血管壁的速度远比透过细胞膜快，所以吸收也迅速，出现作用也快。

2. 胃肠的吸收 多数药物通过口服后，以简单扩散的方式透过胃肠壁细胞膜进入血液。药物的理化特性与吸收环境可直接影响药物吸收，如弱酸性药物在酸性胃液作用下不离解，呈脂溶性，能通过胃黏膜上皮细胞膜，容易被吸收；而弱碱性药物则需要到达肠道的碱性环境中才能被吸收。

（三）药物在兔体内的分布

药物吸收后暂时储存在血液和组织内，称为药物在体内的分布。药物在体内的分布比较均匀，但有些药物在兔体内分布不均匀，大多数药物对器官和组织是有选择性的。药物选择性分布与药物作用不一定平行。部分药物在体内还能与血红蛋白形成可逆性结合，暂时储存在血液中，而影响在体内的均衡分布。当游离型药物在血液中浓度低时，被结合的药物会释放出一些游离药物而进行体内分布。有些药物所分布的器官并不是其发挥疗效的器官，而在这样的器官中只是蓄积或储存。

（四）药物的转化

药物在体内发生的分子结构的变化称为药物的转化，又称为生物转化或代谢。有的药物在动物体中不发生分子结构的变化，而以原来的分子形式被排泄，但大部分药物在排泄之前有不同程度的结构变化，其作用也发生改变。药物在动物体内的转化方式主要有氧化、还原、水解和结合等。药物转化的部位主要在肝脏。促进药物转化的酶有肝微粒体混合功能酶系（肝药酶）和一些非微粒体代谢酶。

（五）药物的排泄

药物在家兔体内以原型或代谢产物的形式排到体外的过程，称为药物排泄。其排出途径主要是消化道和肾脏，具有挥发性的药物可以经过呼吸道排出，也有经皮肤汗腺（氯化钠）、乳腺（如碘、砷、磺胺等）排出的。其中以肾脏排出最为重要，为通过肾小球过滤和肾小管细胞的排泄。

了解药物在体内的消除方式和速度，对合理使用药物、避免药物中毒及解毒具有重要意义。如从乳汁中排出的药物会影响仔兔吮乳。排泄缓慢的洋地黄、砷制剂等，容易在体内积存而引起蓄积性中毒。相反，对排泄快的药物必须增加用药次数，才能稳定其在体内的有效药物浓度。

（六）药物半衰期的概念和应用

药物的半衰期是指用药后药物在血浆中从浓度最高值下降到50%浓度时的时间。这一数字表明药物在体内消除速度快慢的重要指标。为了维持比较稳定的有效血药浓度，投药间隔时间不能超过半衰期，但为了防止药物蓄积中毒，给药间隔时间又不能低于该药的半衰期。因此，要选择合理的给药间隔时间和剂量范围。

当血浆浓度允许在2倍量的范围内变动而无不良反应时，可以先给两个维持量的剂量，以后一个半衰期再给一个维持量。如果某药半衰期是6小时，在体内产生疗效所需药物剂量为50毫克，第一次投药先给100毫克，以后每隔6小时给药50毫克，这样可持续保持血液中的有效药物治疗浓度。有的药物在兔体内消除慢，并在持续给药的情况下会产生蓄积作用，临床上应有计划地利用这种作用，使药物在家兔体达到有效浓度，并维持其用药剂量，达到治疗的目的。但要防止积蓄过多产生积蓄性药物中毒，特别是对肝、肾功能不全的兔，要特别注意科学用药。

第二节　养兔用药的给药方法

一、群体给药法

（一）混饮给药

兔群中发病率在10%以上，需要治疗性预防，即对发病的能起到治疗作用，对没出现症状的健康兔能起到预防作用时，应采用混饮给药方法。也就是将药物溶解到饮水中，让家兔通过饮水将药物服下，适用于传染病、寄生虫病大群预防，也适用于病兔的治疗。特别是适于病兔食欲降低或拒食，但还能饮水的个体。家兔混饮一般采取自由饮水法。采用混饮的药物一般都是在水溶液中比较稳定的药物。

采用混饮给药的药物，必须是易溶于水的药物，且水温的变化对药物溶解度影响不大。而有些药物微溶于水，加热助溶后才能溶解，当溶液温度降低时，溶液中又会析出沉淀物。所以这种药物在溶液中混均匀后应尽快地让其饮用，以免出现意外。笔者见过这样一个实例，一兔场用一种微溶于水的药物防病，用温水溶药，药物溶解后有急事将饲养员抽走几人，只留两人慢慢地往水缸中倒水让兔饮用。可是第二天饮用后面所倒药液的兔死亡的很多，饮用前面所倒药液的兔没有死亡的，解剖检查分析是中毒症状，大家不得其解。要说药过量中毒，为什么有的饮用没死，有的饮用就死了呢？经过反复询问饲养员，才发现死的兔都是最后给水的，这才把死因弄明白。因为人少了，把全群兔倒完水，拖的时间长，药液早就凉了，在溶液底部药物析出沉淀，出现底部药物浓度大，以致兔只药物中毒造成死亡。

另外，一定要按规定的浓度精心配制药液，否则会出现药物中毒。一般药物说明书上都规定混饮时的加入量，按说明书上规定的浓度加入为好。混饮加药的方法有两种，一种是以百分浓度加入的，即0.01%或0.02%的形式；另一种是用每升水加入多少毫克药物来表示。用药时根据饮水的量严格按规定称量药量，千万不能估测用药量，否则都起不到治疗效果。配制的药液量以当天饮完为原则，夏天饮水会多一些，冬天饮水会少一些，所以在投药量一定时，夏季药液浓度就小一些，冬季浓度就大一些。

（二）混饲给药

混饲给药是把应给兔投的药加入饲料中，混合均匀，使兔在采食的同时摄取药物。它是集约养兔的给药方法之一。混饲给药简便、省事，治疗和预防传染病、寄生虫病常用。但对食欲下降、拒食的兔应采用其他给药方法。

采用这种投药方式一定要将饲料和药混合均匀，否则有的兔可能吃进去的药量不够，而有些兔可能吃进去的药量过多，引起中毒。科学的混合方法为逐级混合法。逐级混合法的操作方法是：把全部用量的药物加入少量的饲料中混合均匀，再混合在全部的要加工的饲料中。这为一级混合法。还可用二级混合法、三级混合法，饲料加工量愈大，混合的级数愈多混合得愈均匀。例如，加工1 000千克饲料，先把全部药物加在5千克饲料中，混合均匀后再加入45千克饲料中，再混合均匀以后，再加入950千克的饲料中，就容易混合均匀了。

二、个体给药法

个体给药法包括内服法、注射法、涂皮法、灌注法、点眼、滴鼻。下面简要介绍一下内服法和注射法。

（一）内服法

内服法是将药片、药丸、胶囊、粉剂或溶液制剂经口腔进入胃肠，经胃肠吸收后扩散在全身的给药方法。

1. 直接投入法　药片、药丸、胶囊，可以直接投入兔口中使其咽下。其方法是：一位饲养员用左手抓住患兔的耳朵和颈背部的皮，头朝前，提起时右手顺势拖着兔的臀部，使兔腹部朝前。另一位饲养员左手用拇指和食指分别卡住兔两腮，使口张开，右手捏住药丸、药片或胶囊，用力将其投在兔舌根、咽部，兔就会自动咽下，如果不能马上咽下的可以用筷子往下捅一捅就咽下了。

2. 灌服法　粉剂、药液可以采取灌服法。保定患兔的方法与直接投入法相同，如是粉剂药先用温开水混成悬浮液或溶解成溶液，盛在便于灌服的容器中，如汤匙或注射器中，然后灌入口中或慢慢推入口中。灌服过程中如果出现强烈的咳嗽时，应暂停灌药，并使其头部低下，将药咳出。

（二）注射法

1. 皮下注射法　将药液或疫苗注射于皮下结缔组织内，使药液或疫苗经毛细血管、淋巴管吸收进入血液循环。此法适用易溶解、无强烈刺激性的药品及疫（菌）苗。

（1）注射部位：应在颈背部皮下或臀部皮下。

（2）注射方法：在注射部位用5%碘酊进行消毒后，负责注射操作的人员以左手拇指和食指捏住注射部位的皮肤将其提起，使其成三角形皱褶，右手持注射器，将针头沿皱褶的基部斜刺入皮内，感到进针有空感、约1.5厘米时可以推药，推完药后用乙醇棉球压住进针处，拔出针头，再按压一会儿即可。

（3）正确的注射操作：针头插入后，将注射器活动一下感到注射器针尖处是空的；推药以前先抽动一下注射器活塞，若有回血，说明针尖插入细血管上了，应稍稍退一下针头不见有回血时再注入药液。

2. 肌内注射法　简称肌内注射，即将药液注射到患兔的肌肉内。肌肉的血管分布较多，对药液的吸收较皮下注射要快，刺激性较弱、吸收性较差的油剂、混悬液及某些疫苗，均可以肌内注射。但刺激性很强的药物，如氯化钙等不能进行肌内注射。

（1）注射部位：肌肉丰满的大腿内外侧、臀部均可进行肌内注射。

（2）注射方法：獭兔、肉兔注射时都不用剪毛，拨开毛直接在注射部位用碘酊或70%的乙醇棉球消毒就行了；而长毛兔在毛长的阶段注射时，一定在注射部位剪毛后再进行消毒。消毒后一人保定好患兔，操作者左手固定皮肤，右手持注射器，垂直皮肤快速刺入肌肉，回抽注射活塞，确认无回血时即可注入药液。注射完药液，抽出针头用碘酊或乙醇在注射部位压迫止血和消毒。针刺深度 2 厘米为宜，针不能全部刺入，以免伤及血管。

3. 静脉注射法　静脉注射即将药液直接注射入静脉血管中，药液随血液快速分布全身。其特点是见效快，药物排泄也较快，作用时间短。适用补液或对局部刺激性大的药物，如氯化钙、高渗糖盐水等，也适用于急性严重病例的急救。

（1）注射部位：兔身体表面的静脉由毛覆盖不易发现，只有两耳郭内边缘各有一条明显的静脉可以用来做静脉注射。

（2）注射方法：一人保定患兔，另一人用 70% 的乙醇棉球消毒注射部位，左手按压注射部位的近心端的静脉处，使静脉怒张，右手持注射器，使针头沿与静脉纵轴平行的位置迅速刺入血管，待针管内有回血时松开左手，缓慢推入药液。注射完毕，左手拿乙醇棉球紧压在进针处，拔出针后，再压 1 ~ 2 分钟，可以达到消毒的目的。

4. 腹腔注射法　将药液注入腹腔内，适合对腹腔脏器疾病的治疗。腹膜吸收能力强，吸收速度快。当患兔心脏功能较弱、血液循环不好时，可以对患兔进行腹腔注射补液。

注射方法：一人把患兔后肢提起，兔前肢着地，腹腔内脏器下垂，后腹腔内就比较空，操作者在注射部位先消毒，再把药液注入。操作时当针头直刺进皮肤和腹肌，顿感无阻力，有落空感，然后回抽注射器塞，看是否有肠内容物抽进注射器管内，没有肠内容物或血、尿液回针管，表示没伤及肝、肾和膀胱等脏器，即可进行注射。

（三）直肠、阴道、乳管内灌注

直肠、阴道、乳管内灌注，可以迅速发挥药物的局部作用。例如缓解便秘、结肠梗阻，防治阴道炎症和乳腺炎，或不能口服的药都可以进行直肠灌注给药。直肠给药的具体方法是：在给药以前应先清除直肠内积便，防止药液量大，压力过大、引起肠管破裂。

（四）皮肤给药

皮肤给药是将药物涂于患部皮肤表面，外用药剂型有膏剂、擦剂、糊剂，可以起到保护、杀菌消炎、杀虫等作用。

第三节　养兔用药的剂量与剂量换算

一、兽药的用量

药物的剂量是指防治疾病的用量。因药物被兔服用后有一部分被兔体吸收，体内达到一定的浓度才能起效。如果浓度小，药物在兔体内不能发挥其有效作用；相反，如果浓度过大，超过一定的浓度，会对兔体产生毒性。恰当的浓度就是兽药正确用量，所以必须严格掌握家兔疾病防治的用药剂量范围。

兽医临床上所说的药物剂量就是说的常用量，就是对成年兔能产生明显治疗效果又不至于引起严重不良反应的剂量。极量是治疗剂量的最大限量，可以看作是"最大治疗量"。为保证用药安全，对某些毒性较大的药物规定了极量。特殊情况下需要应用超过极量的剂量时，应在处方上划一警惕性标志。

药物用量可以按成年兔（4.0～4.5千克体重）的用量来表示。有的药物常用每千克体重用量来表示，临床用时需要根据兔的体重来计算。

二、兔个体用药的剂量换算

在集约化养兔的疾病防控中，最关键的措施就是群防群治，即将药物加在兔饲料中或饮水中来防病或治病。这种投药方式的优点是：①能使用药量起到对疾病群防群治的作用；②方便经济；③减少刺激，降低应激发生。

一般经口直接投喂药是以每千克体重使用的药物量来表示，而饲料添加给药是要确定每千克饲料中添加药物的量。即以饲料中药物浓度来表示，没有涉及体重这一因素。实际上如果确定了一种药物的直接投药的口服剂量，也可以算出药物在饲料和饮水中的添加量。例如，1只成年兔按4.5千克来算，知道了治病时口服一次性投给为5毫克／千克体重，每天1次，那么1天给它的用药量应为5毫克/千克×4.5千克＝22.5毫克，这只兔每天大约吃料200克，即200克料中应加22.5毫克的药，1 000克的料中应加122.5毫克的药方能达到有效量。

三、用药次数和给药时间

每天用药次数和两次给药的间隔时间，是根据药物半衰期长短而定的。一般来讲，半衰期短的药物每天给药次数多，半衰期长的药物每天给药次数少。也就是说，半衰期短的药物吸收、排泄也快，在兔体内停留的时间短，需要多次给药才能维持血清中的有效浓度；相反，如果半衰期长，药物在兔体内吸收、排泄也慢，药物在兔体内停留时间长，不需要多次给药就能维持该药在兔体内的有效浓度。

为了达到治疗的目的，必须连续用药一段时间，这一段时间称为一个疗程。疗程长短是以兔病的种类和病情来定的。一般来讲，必须在症状消失或病原体被消灭后才能停药。例如，大肠杆菌、沙门杆菌等引起的肠道疾病，用药3～4天就能治愈，所以3～4天为一个疗程；真菌引起的皮肤真菌病，内服灰黄霉素、外涂克霉唑软膏15天才能使症状有所好转，所以这种病一个疗程需要15天。

给药时间，也是根据药物的不同而有所不同的。例如，苦味健胃药、收敛止泻药、胃肠解痉药、抗肠道感染药、利胆药应空腹或半空腹时间用药，凡刺激强的药物，应在刚喂完料的时间里喂药。

第四节　兽药的管理与有效期

一、兽药的管理

兽药质量好坏直接关系到家兔疾病防治效果，也影响到养兔的经济效益和人类的健康。所以，必须对兽药的生产、经营和使用等有关环节依法进行监督和管理。1987年5月国务院发布了《兽药管理条例》，这是我国第一部由国家颁布的兽药行政法规。1988年6月，农业部发布了《兽药管理条例实施细则》，此后又相继颁布了《兽药生产许可证》《兽药经营许可证》《兽用新生物制品管理办法》等一系列的药政法规，对兽药研制、生产、经营、进出口等活动在法律的保护和制约下健康发展有着十分重要的作用。

二、兽药的标准

兽药的标准即兽药的质量标准，是国家或地方对兽药质量规格和检验方法做出的技术规定，是兽药生产、经营、使用、检验和监督管理部门共同遵循的法定技术依据。我国的兽药标准分为国家标准、行业标准。

（一）国家标准

我国现在实行的兽药国家标准，即《中华人民共和国兽药典》，简称《兽药典》，是我国兽药规格标准的最高法典，具有法律的约束力。《兽药典》收载的药物为法定药物，是疗效确切、副作用小、质量稳定的药物和制剂。由于新兽药的研制和使用比《兽药典》改版快，故在两种版本期间可编订《兽药规范》，是《兽药典》颁布实施前有关兽药的国家标准，《兽药典》中没有收入但各地仍有生产和使用的品种，以及《兽药典》农业部又陆续颁布的新品种，具有与《兽药典》同样的法律效力。

（二）专业标准

专业标准即《兽药暂行质量标准》，由中国兽药监察所制定、修订，农业部审批发布。

三、兽药的储存

兽药为特殊商品，为确保畜禽及特种养殖动物用药安全，必须注意兽药的质量。兽药的保存与兽药的质量有着很大的关系，但其往往容易被忽视，造成很快变质或失效，甚至引起不良反应。特别是从事饲养动物工作时间短的人更易忽视。因此在药物保存中，必须根据药物的特性做好药物分类的同时，还要采用不同的储藏方法。例如，可以把药物分为普通药物、毒性大的药物、剧毒药物、危险药品等。

兽药变质快慢，受两方面的影响，一方面是药物自身的稳定性，稳定性强的保存时间长，稳定性差的保存时间短、容易失效；另一方面是环境因素的影响，环境因素包括温度、湿度、光线等。例如，温度过高或过低、湿度过大、光线直射都是药品性质变化的条件。

购入的兽药都应有完整的标签，标签上必须注明的事项有品名、规格、生产厂名、地址、注册商标、批准文号、批号、有效期等。还应该有说明书，说明书应注明有效成分、含量、作用与用途、用法与用量、毒副反应、禁忌、注意事项等。

兽药保存方法有以下几种：

（一）密封保存法

1. 原料药　凡是容易吸潮、发霉、变质的原料药，如葡萄糖、碳酸氢钠、氯化铵等，在密封的条件下放于干燥处保存；许多抗生素、胃蛋白酶、胰酶、淀粉酶等，不仅容易吸潮，而且受热后易分解失效，应密封干燥，放于阴凉处；有些含有结晶水的原料药，如硫酸铜、硫酸镁等，在干燥的环境中易失去部分水分或全部结晶水，应密封保存在阴凉处，但不易存在干燥处或通风的地方。

2. 散剂 散剂的吸湿性比其他原料药大，一般在干燥处密封保存。但含挥发性的散剂，受热后挥发，应在干燥阴凉处保存。

3. 片剂 片剂都应该密封在干燥容器中保存，防止发霉变质。中药、生化药物或蛋白质类药物的片剂，容易吸潮松散、发霉或虫蛀，更应该密封保存在干燥阴凉处。

（二）避光保存

某些原料药、散剂、片剂、注射剂等遇光、遇热可能发生化学反应，变成有色物质，导致药效降低或出现毒性反应。这些药物包括恩诺沙星、盐酸普鲁卡因、维生素 A、维生素 E、维生素 C、氯丙嗪注射液、肾上腺素注射液等，它们都应放在避光的容器内密封保存。片剂应放入棕色瓶内，注射液应放在避光的纸盒内。

（三）低温保存

遇热易分解失效的原料药，如抗生素和生物制剂，最好放在 2~10 ℃的低温处保存。易爆、易挥发的药品，如乙醚、挥发油、氯仿、过氧化氢等，以及含有挥发性药品的散剂，均应密封保存在阴凉、干燥处。

兔用各类疫苗均应保存在 1~7 ℃的冰箱中。

四、有效期及失效期

有效期系指在药品规定的储存条件下保证其药效质量的期

限，即使用有效期限。失效期系指药品到此时已超过安全有效期，超过有效期的药品不能使用。

在药物标签上都注明有效期，表示方法有三种：①只标明有效期，即有效期2012年12月5日，即在2012年12月5日以后就不能使用了。②只注明失效期，即失效期2012年12月8日，即在使用到2012年12月8日以后停止使用。③标明批号和有效期，可从批号推算出有效期，如批号为931107、有效期2年，即可使用到1995年11月7日为止。让购兽药者都了解其有效期与失效期，避免购到失效的药物。

第五节　影响养兔用药效果的原因

影响养兔用药效果的原因有药物本身、兔体状态、饲养管理和环境因素等几个方面。

一、药物方面的原因

1. 药物的理化特性和化学结构　药物物理性质方面的溶解度和旋光性对药物作用的影响很大。通常易溶解的药物比难溶解的药物易被吸收，且作用快；难溶解的药物较难吸收，但作用的发挥也缓慢而持久。

药物的物理、化学性质相近，但旋光性不同（左旋、右旋或消旋），对药物作用的影响也有明显的不同。如肾上腺素在增加血压效力上右旋体为1，消旋体为10，左旋体为20，一般而言，左旋体的药理作用较强。氯霉素只有左旋体才有药效，其他的旋体无效。

2. 药物的剂量　给药时对动物产生一定作用的用药量称剂量。药的剂量是防病治病的用量。药物要有一定的剂量，才能在机体吸收后达到一定的药物浓度，呈现药物作用。药在安全用药范围内，剂量与效果的关系一般表现为剂量愈大，在体内的浓度愈高，作用愈强，疗效愈明显。药物的剂量太小，不能产生有效作用；剂量太大，超过兔体耐受限度，则可以引起中毒，甚至造成死亡。为了发挥药物的作用，避免产生不良反应，必须掌握药物的剂量范围。

药物剂量的安全范围是指最小有效量与极量之间的范围。其距离越大，药物越安全。选定药物剂量范围时，要根据动物的种类、体重、病情及病因等因素作出判定，并且在用药后要精心观察，看其反应，也可以在下次投药时做出调整。

3. 药物的剂型　根据《中国兽药典》或《兽药生产质量管理规范》，将药物制成一定规格并可以直接用于动物的药物制品称制剂，按其形态分为溶液剂、酊剂、注射剂、擦剂、滴眼剂、煎剂、浸剂、流浸膏剂、乳剂、气雾剂；半固体剂型包括浸膏剂、软膏剂、舔剂等；固体剂型包括散剂、片剂、含剂、丸剂、胶囊剂等。

剂型影响药物的吸收，在很大程度上决定体内吸收，影响药物在血液中的浓度及维持时间，从而影响药物的作用。生产实践证明，在应用某些抗生素药物防治传染病时，为了提高药效及减少给药次数，维持药物在体内的有效浓度，往往先用易吸收的速效制剂，随后用长效制剂。

4. 给药方案　不同的给药途径可以影响药物的吸收速度、利用程度、药效出现的时间和药物在体内维持的时间，甚至能改变药物作用性质。如硫酸镁内服可以导泻，静脉注射则有抑制中枢神经的作用。

（1）给药途径：常用的给药途径有口服、注射、灌肠、皮肤给药和群体给药等。

（2）配伍用药：在治疗实践中，为了获得更好的疗效，常将两种以上的药物合并使用，称为配伍用药或合并用药。配伍用药后，各药的作用相似，用药后药效增强，即能起到协同作用。在配伍用药中也有各药作用相反，引起药效的减弱或抵消，称拮抗作用。在用药上常常利用药物的拮抗作用，以减轻或避免某一药物副作用的产生或解除某一药物的毒副作用。但配伍后减弱疗效或增加药物毒性的配伍不要使用。药物的配伍禁忌可以分为药理配伍禁忌、物理配伍禁忌和化学配伍禁忌，物理配伍禁忌：即从药理上分析配伍后其作用就相互抵消或毒性增加；物理配伍禁忌：潮解、液化或析出晶体等物理变化；化学配伍禁忌：配伍后呈现沉淀、产气、燃爆和水解等化学变化。

（3）复合给药：为使药物在一定时间内持续地发挥作用，维持药物在体内的有效浓度，有些药物常需要连续用药到一定的次数和时间。有些连续用药 1～2 个疗程上无明显疗效时，应总结经验，改用其他药物。在一个疗程内，重复给药时间间隔期取决于药物在其体内消除的快慢。疗程的长短视病情而定，对大多数疾病（传染病），药物必须用到症状消失后才能停药，以免复发。但不可无限制地延长用药时间，以免造成病原菌的耐药性。

二、家兔本身的状况

家兔个体之间有差异，如性别和年龄之间有差异，它们对用药反应也不相同。

1. 年龄、性别的差异　一般来讲，断奶至两月龄以前的幼兔与成年兔抗病力有很大的差异，因其肠道黏膜发育不完善，肠黏膜内的免疫组织和免疫细胞数量不足，消化酶分泌量不足等因素，表现为非特异性免疫性体系不健全、免疫力弱，消化系统不健全、消化力弱。但是，这一时间段的兔又处于快速生长阶段，吃的多，容易生病，死亡率高。即使重视防治，其对药物代谢也比较低。

同样是一个阶段的兔，公兔比母兔体质强，对药物的吸收、运输、代谢也强，用药效果也是有差异的。

2. 个体差异　不同个体对药物的敏感性也存有差异。表现形式主要是兔体对药物的反应呈高敏感性和耐受性等。

（1）高敏感性：有些个体对某种药物作用特别敏感，用小剂量的药就能产生强烈的反应，甚至能引起中毒。但大多数个体体质是正常的，给予正常剂量就能产生药效，在血液中保持正常浓度，起到治疗效果；用药超标准后才能引起过敏反应或毒性反应。

（2）耐受性：某些个体对某种药物的作用敏感性特别低，即使用中毒剂量的药也不会引起中毒症状，这种情况称这个兔对某种药物有耐受性。

对高敏感性或耐受性的个体，在用药时就要根据情况适当减药或加药，必要时改用其他药物。

病菌对抗生素的耐受性，称为耐药性或抗药性。在一般情况下，某一种病菌对某一种抗生素所产生的耐受性是单一的，但在泛用抗生素的养兔场里，兔对同类的多种抗生素都能产生耐药性，这种现象称为交叉耐药性。如家兔因肠道疾病发生率高，长期治疗都用庆大霉素，一旦对庆大霉素产生了耐药性，就会逐渐对其同类抗生素卡那霉素、新霉素、大观霉素等也都产生抗药性，这种情况称为交叉耐药性。

为了避免病原菌产生耐药性，在用药时应尽量避免用量偏低或长期、反复使用同一种药物，并及时更换对病原菌敏感性高的药物。

3. 家兔的病理状态　当兔体处在有病状态时，由于中枢神经、内分泌系统及其他重要器官的功能都受到影响，因而也能影响药物的吸收、运输和反应。如呼吸系统处于抑制状态时，对呼吸兴奋药物尼克刹米反应就不敏感。

严重中毒的兔，因其生理功能失去平衡，需用拮抗性解毒药，并维持血液中的浓度，直到康复为止。肝、肾是药物最重要的转化器官和排泄器官，肝、肾功能障碍，常影响药物转化和排泄，往往使药物作用加强或延长，容易出现药物毒性反应。这种情况往往不被养兔生产者想到。

三、饲养管理和环境因素

一个健康的兔群，它们主人的饲养管理一定要到位。也就是说，在饲养方面营养一定要达到全面，主要营养素一定要达到标准，既不能缺乏也不能过剩，否则兔体的免疫力就会下降，容易发生疾病。管理方面，兔舍要经常保持清洁卫生、通风干燥、根据生长发育阶段不同控制光照时间，养殖密度要合理，为不同阶段的兔群创造适宜的环境条件。

饲养管理好、环境条件适宜，兔体免疫力就高。兔体的功能、状态与药物在体内的作用密切相关，健康兔偶尔出现一些疾病，投药后很快见效。如果有的兔免疫力低下、抗病力很弱，一旦症状明显，治疗效果就特差。所以，对兔病有五不治的原则：难以治愈的不治、治疗费用高的不治、没有多大价值的不治、传染性强的不治、快要淘汰的种兔不治。体质好的兔使用药物时，药物的作用能得到更好的发挥。

另外，环境条件对药物也有一定的作用，如不同季节、不同温度和湿度均可影响消毒药、治寄生虫药的疗效。例如，环境中有大量的有机物，可以大大减弱消毒药的作用；通风不良，兔舍空气污秽，空气氨气味很浓，可增加兔的应激反应，兔群中呼吸道疾病发病率提高，治疗影响药效。

第六节　养兔生产中药物残留

家兔肉是高蛋白、低脂肪的肉类，商品兔催肥效果不明显，到目前为止还没有发现用什么物质能给商品兔催肥的，这是食用兔肉安全的一面；另外，养兔生产中用抗生素治疗家兔传染性疾病，有的养兔生产者往往不按常规用药量用药，总是超常规用药：①超大剂量用药；②超时限用药，造成对兔体有感染作用的病原微生物产生耐药性。例如，20 世纪 60 ～ 70 年代人注射青霉素每次 40 万单位，一天 2 次。目前养兔生产者给 4 千克重的成年兔每次注射青霉素 80 万单位，一天 2 次，有的还一次用量达到 100 万单位、200 万单位。可想而知，到目前为止病菌对过去常用抗生素抗药性已达到了何种程度。继续加大抗生素的用量，兔肉中抗生素超标是顺理成章的。

笔者从事养兔研究和生产已经 40 多年，认为兔肉抗生素超标和病菌产生耐药性除了监管部门工作不深入细致以外，主要责任是养兔生产者。他们不懂用药知识，不会科学用药，认为超量用药病好得快；长期在饲料中添加抗生素可预防发生肠道疾病，结果用药量愈来愈大，兔的传染性疾病发生率愈来愈高，规模化、集约化养殖愈来愈难。希望养兔生产者认真学习养兔的用药知识、生态养兔知识，提高对生态养兔技术方案的认识，确保生产和兔肉产品的安全。

一、兽药残留的现状

兽药残留主要是不合理用药，使药物治疗疾病或作为饲料添加剂而蓄积在家兔体内各组织和器官中的。养殖业发达的国家很早就对兽药残留问题进行了关注。大多数国家在评价和使用添加剂时，均以 JECFA（食品添加剂联合专家委员会）的建议作为指导原则。JECFA 是一个毒理学的国际专家小组，于 1987 年第 32 次会议报告了有关兽药残留的毒性评价，将目前的兽药残留分为七类，即抗生素类、驱肠虫药类、生长促进剂类、抗原虫药类、灭锥虫形药类、镇静剂类和 β - 肾上腺素能受体阻断剂。我国虽已制定《动物性食品中兽药残留最高限量》标准，但尚未得到有效实施。所以，目前滥用抗生素和超标准使用兽药的现象十分严重。

二、兽药残留形成的原因

（一）不按规定正确使用饲料药物添加剂

1. 药物添加剂使用不规范　在饲料生产方面（包括浓缩料、预混料），2001年农业部发布了《饲料药物添加剂使用规范》，规范中明确规定了可以用于制成饲料药物添加剂的兽药品种及相应的休药期。但是，有的饲料生产商受经济利益驱动，人为地向饲料中添加禁用的兽药，还有一些饲料生产商为了保密或为了逃避报批，在饲料中添加了一些兽药，该种兽药在畜禽屠宰前应有休药期的，没有标明休药期，一直用到出售时便会造成兽药在兔肉中残留。这是兔肉产生兽药残留的主要原因。

2. 养兔户对兔肉兽药残留认识不足　很多养兔户对安全健康养殖、兔肉安全认识不足，没有全局观念，对兔群不是分阶段使用抗菌药物，而是全程在饲料中添加抗菌药、全群常年在饲料添加抗菌药物，直到卖兔的前一天饲料中仍在添加着抗菌药物。更有甚者，养兔户为减少自己的损失，把治疗中死亡的兔的皮扒掉，皮搓盐晒干出售，兔肉也卖掉。

3. 超量用药　主要是饲料中的药物添加剂超量添加。我国绝大部分养兔户不懂得科学用药，饲料及浓缩料中大多都添加有药物的添加剂，造成常用药物的耐药性日趋严重，而且药物用量愈用愈大，甚至比原来规定的量高2～3倍，造成兔肉药物残留。

（二）环境污染造成药物残留

有些养兔场建场时没有按规定选择场址，把养兔场建在"三废"排放的工厂附近，再加上农药和生活垃圾混合雨水流入农田，不仅直接损害农作物，导致减产，甚至为害庄稼的茎叶和籽实，兔食用了被污染的庄稼茎叶和籽实，兔肉也可以产生有害物质。

（三）兽药监管部门监管不力

兔肉上市的时间不长，对鲜兔肉市场销售无检测标准，也无人检测。即使少数地方有人检测，也只是看一看外观是否卫生或有无注水，这些容易用肉眼看到的内容，对农药、兽药残留问题无人提及也无人关心。因为兽药残留的检测仪器和设备很贵，检测成本高，所以我国发布的兽药残留检测标准较少，与实际需要差得远。很多基层监管部门就不提这些项目。

三、兽药残留的危害

（一）过敏反应和变态反应

养兔生产用于治疗或药物添加剂的抗菌药物中，常引起人的过敏反应的药物主要有青霉素、磺胺类、四环素类和某些氨基糖苷类药物，其中以青霉素及其分解物引起的过敏反应最为常见，出现的症状也最为严重。

过敏反应的症状最为严重，轻则表现为皮疹、发热、关节肿痛及蜂窝组织炎等。严重的出现过敏性休克，危及生命。当这些抗生素药物残留兔肉中被人吃了以后，会使少数敏感体质的人被动接触这些抗生素，就会使他们发生过敏反应，造成危险。

（二）毒性作用

若一次摄入残留物的量过大，也会出现急性中毒反应。但残留药物在兔组织和器官中的量一般不会太大，极少数才能出现药物中毒，绝大多数药物残留通常是产生慢性、蓄积毒性作用。长期使用药物添加剂的兔群，肝、肾的药物残留量比较大，人食用后出现药物残留的概率比较大。严重药物残留的肉食品食用得多了，食用者体内蓄积药物多了，会引起致癌、致畸、致突变的"三致作用"。如硝基呋喃药、砷制剂都被证实具有致癌作用。

苯丙咪唑类抗蠕虫药，具有潜在的致突变和致畸性。氯霉素能对人的骨髓细胞、肝细胞产生毒性作用，导致严重的再生障碍性贫血。氯霉素在肉食品中残存浓度达到1毫克/千克以上时，对食用者危害很大。四环素类药物能与骨髓中的钙结合，抑制骨骼和牙齿的发育，治疗量的药物长期使用具有致癌作用。卡那霉素的药物主要损坏前庭和耳蜗神经，引起眩晕和听力减退，并具有潜在致癌作用。磺胺二甲嘧啶具有诱发甲状腺增生，并具有致肿瘤倾向，人长期食用含这些药物残留的肉食，均有可能引起肿瘤。

（三）引起病原菌的耐药性

由于抗生素药物的广泛应用，病原菌的耐药性不断增强，有些病菌由单药耐药发展到对多种药的耐药性。耐药菌株可能将给兽医临床治疗带来严重的后果，并且降低药物的市场寿命。对人体健康影响有以下两方面：容易诱导耐药菌株和可能干扰肠道内的正常菌群。给兔长期使用亚治疗量的药物，尤其是人畜共用的抗生素后，易诱导耐药菌株。这些耐药菌株的耐药基因能通过食物链在动物、人和生态系统中的细菌相互传递，使病菌对抗菌药产生耐药性。同时，许多研究证明，动物性食物中抗生素药物残留可使人胃肠内的部分敏感菌受到抑制，致使菌群平衡遭到破坏，有些条件性致病菌趁机繁殖，导致疾病发生。

第七节　养兔生产中药物的合理使用

一、药物混饲和混饮的原则

药物混饲和混饮是养兔生产中常用的也是应该大力推广的给药方法。为了保证饲料添加安全和饮水安全有效，必须注意以下四个方面：

（一）预防量的控制

预防量一般为治疗量的 1/2，在大多数情况下，饲料添加药物是作为预防疾病使用的，一般添加的时间较长，所以必须严格控制药量，以免长期使用药物造成在兔体内蓄积而引起中毒。特别应该注意的是，不要将用于治疗的口服剂量当作混饲预防量加入饲料中长期做预防量使用。

（二）配合饲料中原有的添加药物确认

养兔使用饲料厂生产的配合饲料，绝大多数生产商都会在饲料中添加预防药物。所以，在你不知道厂家加的是什么预防药物时，不能同时以饮水的方法给兔用药，以免造成药物在兔体的蓄积而引起药物中毒。

（三）饲料混合

把药物添加在饲料中预防疾病发生，药物浓度非常低，一般每千克饲料只添加 0.05～0.1 克，相对饲料来讲，药物所占比例微乎其微，要把这样小的药量混在大量的饲料中且必须混合均匀，并不是一件容易的事。但如果混合不均匀，有的部位浓度大，有的部位浓度小，当家兔吃到药物浓度大的这部分饲料时，可能因为药物超量而引起中毒，给养兔生产造成损失。因此，饲料成分和添加药物时必须严格依照生产工艺操作，对某些药物原料，应将药与少量饲料混合均匀后再与所有饲料原料混合均匀。

（四）混加方法

可以把药物混入饲料中喂饲，可溶性药物和溶液性药物可以加入饮水中饮服。添加在饲料中的药物一般适于预防疾病，添加于饮水中饮服的药物一般适用治疗。因为兔患病后先是减食，而后拒食，但是仍然饮水，此时喂饲全量的药是不够的，收不到理想的效果。如果把药物添加在饲料中的量视为 1 的话，那么往水中的添加量就应为 1/2（夏季），因为夏季、秋季饮水量比采食量增加 1 倍，冬季为了保证药物的全部服入，饮水中加药量应和饲料中相同。

二、常用药物的合理使用

动物用药也有其基本原则，为了充分发挥药物的防病、治病的效果，降低药物的毒副作用、防止病菌产生耐药性，提高治疗效果，必须执行临床用药基本原则。

（一）严格掌握适应证，正确选药

科学地治疗兔病首先是对兔病做出正确的诊断，在掌握病症的前提下也就了解引起该病的病原体，从而选择对病原体高度敏感的药物。选择高度敏感的药物是先分离出某种病原菌，对这一种病原菌用多种抗生素对其进行药物敏感试验，从中选择敏感性最高的作为治疗这种病的首选药物，次敏感的药物作为治疗这种病的次选药物。如果兔场发生严重的传染病时，为了正确选药，最好请专家进行诊断，必要时进行实验室诊断，确定疾病性质，若为病菌引起的传染病，则应正确地选择使用抗生素。对尚不能确诊的疾病，则请研究单位进行病菌分离，并进行药物敏感试验，确定首选用药，以便收到最好用药效果。

（二）用药时剂量和疗程要足，避免产生耐药性

抗菌药物不能用药量过大，否则不仅造成药物浪费，而且还会产生毒性反应；但是也不能为了节约，在治疗传染病时用药量过低或疗程过短。如果用药量低，或疗程短，病菌不能全部杀死，留下来的病菌再繁殖的菌株，就是耐药性的病菌。目前，金黄葡萄球菌、大肠杆菌、绿脓杆菌、痢疾杆菌都已产生耐药性。

严格掌握用药要点，给以充足的治疗剂量和恰当的治疗时间（疗程）。例如，磺胺类的药物是抑菌药物，用药时首次剂量是正常用药量的 2 倍，以后再降至正常量。治疗传染性疾病恰当的用药时间是 3 ～ 5 天为一个疗程，症状消失后，再继续用药 1 ～ 2 天，以求全部消灭病原菌，避免产生耐药性。养兔生产的大量

实例表明，停药过早，看似症状消失了，但是短时间内就会复发，再次复发时治愈率极低，这就是没杀死的病菌产生了耐药性。兔场发病最高的是大肠杆菌病、魏氏梭菌病、沙门杆菌病、巴氏杆菌病和波氏杆菌病等。所以，必须进行疫苗预防、药物预防等措施，才能保持兔群稳定。

（三）科学地联合用药

抗生素药物可分为杀菌药物和抑菌药物。一般认为杀菌药物之间或杀菌药物与抑菌药物联合应用，由于它们对菌体或其代谢环节产生不同的抗菌机制而呈现协同或加强的作用。目前认为符合规范的联合用药有青霉素和链霉素、青霉素和多黏菌素、链霉素和多黏菌素、红霉素和氯霉素等。但有的杀菌药与抑菌药物联合应用时，会产生拮抗作用，例如青霉素药物与磺胺类药物联合应用就产生拮抗作用。所以，联合用药必须在生产实践证实以后方能推广，不能主观臆断地推广使用。

三、养兔用药需注意的一些问题

（一）切忌盲目用药

有些养兔生产者对兔群中一有不吃食的个体就打青霉素，也不知道对症不对症。有的养兔生产者一发现兔群有腹泻的个体，就要喂泻痢停或诺氟沙星之类的药物。还有一些养兔生产者发现兔群中一有腹胀、拉软粪的兔，马上就要往饲料中添加防腹泻药物。甚至有的养兔生产者认为用药剂量愈大愈好，有的下药时不是准确称量的而是随意抓取，这些做法是有百害无一利，没出意外事故就是万幸。

（二）防止重复用药

目前有这种情况，同一种药不同的生产厂家叫的名称不同，如果养兔生产者没有丰富的知识，同时用这两种药名不同而药物成分相同的药配合治疗这一疾病，会因药量太大造成药物中毒。

所以，联合用药时一定要用不同类型的药，同药异名的药不能同时在一个患病兔身上应用。例如，红霉素、吉他霉素、泰乐菌素、替米考星等抗生素都属于大环内酯类，它们之间联合用药效果不好，还容易出现中毒现象。

（三）防止病菌产生耐药性

控制耐药菌传播疗程要适当，以保证患兔血药浓度合理，可以控制养殖场内耐药菌株的发展。必要时要采取联合用药，同时避免长期预防性用药。污染场所要彻底消毒。有效的抗菌药物不要一直使用，要交替使用，这对扑灭疾病、防止耐药菌株形成和传播均有很好的效果。

（四）联合用药必须有明确的临床指征

明确的临床指征包括病情危急的严重感染、一种抗生素不能控制的混合感染，病菌有了产生抗药性的可能，抗菌药物不易透入感染的病灶。

（五）用药时不能症状好转就停药

以病菌感染引起的传染病为例，经抗菌药物治疗后病情明显好转，这说明药物效果好，大量病菌被杀灭，但不等于病菌被彻底消灭，病已彻底治愈，不能就此停药，否则会使病菌产生耐药性，引起患兔二次感染。这样的养兔生产者只是省了早停药的钱，但二次感染后再治疗要花很多钱，甚至造成患兔死亡。所以，给患兔停药必须遵照专家或技术人员的意见，按病愈标准停药。

（六）规范注射给药法

现在养兔生产者注射给药的操作很不规范，这样容易造成疾病传染。例如，肌内注射时，对注射器不消毒，只把针头进行消毒；有的注射针头也不消毒，只用水冲几下就使用，而且是一个针头用到最后，每注射1只兔只是用乙醇棉球擦一擦。注射部位不剪毛、不认真消毒。正确的注射方法是：在进行注射以前先将针管和针头进行洗涤、消毒。注射部位把毛拨开用棉签蘸 5% 的碘酒对皮肤进行消毒。把药液摇均匀，抽入注射器内，认真排出针管内的空气，一人把患兔保定好，另一人进行注射操作。注射完毕用另一个蘸碘酒的消毒棉签压着进针处拔出针头，压 2 分钟左右即告结束。

（七）防止影响免疫反应

生产实践证明，抗菌药物对某些活菌形成免疫抗体有影响，因此在使用疫苗前后数天内以不用抗生素为宜，或等到药效消失后再另行免疫。

（八）群体用药要搅拌均匀

用药物给兔群防病时，多采用添加在饲料中喂服，所以药物必须搅拌均匀，否则有的个体吃的多会造成中毒；有的吃的少会起不到治疗疾病的作用，这是必须注意的情况。

第二章

养兔常用的消毒防腐剂

第一节　消毒防腐剂的基本知识

一、消毒防腐的基本概念

自然界中广泛存在着各种微生物，它们包括真菌、细菌、霉形体、放线菌、螺旋体、立克次氏体、衣原体和病毒等。微生物中有一部分对人类和畜禽是有益的，具体到养兔，它们对兔的生长、发育、疾病预防都是有好处的，人们称其为有益菌。另一类微生物对人类和畜禽是有害的，对兔群也是一样的，可以引起各种疾病。有害微生物称病原微生物。它们一旦侵入家兔身体，不仅引起传染病的发生和流行，还会引起皮肤和黏膜等部位的局部感染。所以，病原微生物的存在对养兔业及其他家禽、家畜和人类都会造成严重的威胁，必须坚持不懈地、想尽一切办法消灭它们。

消灭病原微生物的工作称为消毒，它是兽医卫生防疫工作中的一项重要的工作，是扑灭传染病的重要措施。消毒可以切断由传染源到易感动物的传播途径。了解和掌握有关消毒的知识和技术，是养兔场技术人员和管理人员必须具备的基本素质。

用于抑制和杀灭病原微生物繁殖的药物称消毒防腐剂。消毒防腐剂与抗生素和其他抗菌药不同，消毒防腐剂没有明显的抗菌谱。在临床应用时只要达到有效浓度，对任何病原微生物都有杀灭作用，对动物和人类皮肤、组织和器官也产生损伤，一般不能做治疗用药。

消毒防腐剂可以分为消毒药和防腐药。消毒药是指能杀灭病原微生物的化学药物，主要用于对环境、兔舍、兔排泄物堆积处、用具、手术器械等非生物表面消毒。防腐药是指能抑制病原微生物生长繁殖的化学药物，主要用于抑制兔体表微生物感染，如皮肤、黏膜和创面，也用于食品及生物制品的防腐。防腐药和消毒药是根据用途和特性来分的，两者之间并没有严格界限，低浓度的消毒药仅能抑菌，而高浓度的防腐药液能杀菌。由于有些防腐药用于非生物体表面时不起作用，而有些消毒药又会损伤活体组织，因而两者不应替换使用，绝大部分消毒防腐药只能使病原微生物的数量减少到公共卫生标准所允许的限量范围内，而不能达到完全灭菌，实践中也不需要杀死与传染病无关的腐生细菌。

（一）灭菌

灭菌是指将病原微生物和非病原微生物全部杀死。如火烧、煮沸、流动蒸汽和高压蒸汽等物理方法是灭菌最有效的措施，只适用于少数物体，如手术器械、玻璃器皿、纱布、绷带等，不适用于环境中的大部分物体，如兔舍、墙壁、饮饲设备等。

（二）消毒

消毒是指使用物理的、化学的、生物的方法杀灭物体及环境中的病原微生物，而对非病原微生物及其芽孢、孢子并不严格要求全部杀死。通常多指用化学药品——消毒剂进行的化学消毒。在提高药物浓度和作用时间的条件下，消毒剂也可以起到灭菌的作用。

（三）防腐

防腐是指用化学药品或其他方法抑制病原微生物繁殖，不杀死病原微生物，仅抑制它们的繁殖和代谢，防止腐败和发酵。用于防腐的化学药品称为防腐剂（药）。一般防腐药不会对兔体细胞产生明显损害，因而可用在活体组织上抑菌。在提高药物浓度和作用时间的条件下防腐药也可以起到杀灭病原微生物的作用。但此时对兔体细胞也会产生一定的损伤作用。

当发生传染病时，对环境进行临时性的消毒或终末消毒，无疫病的情况下对环境进行预防性消毒等，都可选用化学方法，即应用消毒药。消毒药在防止兔传染病和提高养兔经济效益方面，具有十分重要的意义。

二、消毒防腐的重要意义

随着养兔业的快速发展，特别是养兔规模由小型、分散向规模化和集约化的发展，各种传染病的防治更显现出它的重要性。越是高密度饲养，饲养室（舍）的环境就越容易恶化，病原微生物传播就更快，就更容易暴发传染病。一旦暴发传染病再采取措施为时已晚，损伤就比较大了。给养兔场内外环境、兔舍、兔笼定期消毒，使养兔环境病原微生物的数量减少到最低限度，以预防其对兔群侵害，可以有效地控制各种传染病的发生和扩散。

此外，目前消毒防腐药已广泛使用，已从单纯的环境消毒发展到空气消毒、饮水消毒和饲具消毒等。随着规模化养兔业的发展，不断出现一些高效、低毒、抗菌谱广、刺激性和腐蚀性小的消毒防腐药。近些年如何正确地使用消毒防腐药已成为养兔界普遍关注的问题。

随着消毒防腐药的长期应用，过去曾视为低毒或无毒的一些安全产品，近期也发现在长期使用后已出现相当强的毒副作用。从安全角度考虑，消毒防腐药的刺激性、防腐性、对环境的污染等的重要性不亚于急性毒性。由于频繁使用消毒防腐药，对配制、操作人员的健康影响，肉产品中药物残留对消费者健康安全问题、环境保护和生态平衡维持等已逐渐成为公共关注的问题。

三、消毒防腐药的选择

理想的消毒防腐药应具备以下条件：

（1）抗菌谱广、杀菌能力强，且在有体液、脓液、坏死组织和其他有机物质存在时，能保持抗菌活性，又能与清洁剂配伍应用。

（2）见效快，其溶液有效期长。

（3）具有较高的脂溶性和分布均匀的特点，能增强其杀菌效力。

（4）对人和畜禽都安全。防腐药不应对动物机体的组织有毒，也不妨碍创口愈合；消毒药应不具残留表面的特性。

（5）药物本身应无臭、无色、无着色性，性质稳定，可溶于水。

（6）无易燃性、爆炸性。

（7）对金属、橡胶、塑料、衣物无腐蚀性。

（8）廉价易购。

完全符合上述条件的消毒防腐药可能没有，但是在选购这一类药时应尽量地达到或接近上述条件。根据使用目的，使这些消毒防腐药在低浓度的情况下，就能抑制和杀灭微生物，对组织和物品无损害。价格合理，性能稳定，无异味，最好在外面有蛋白质、渗出液等存在时也能迅速有效地杀菌，以起到最佳消毒效果。

四、消毒防腐药的作用机制

各类消费防腐药作用机制不尽相同，一种消毒药不只是通过一种途径起杀菌作用的，例如苯酚在高浓度时是通过让细菌蛋白变性来杀菌的，但在低浓度时，可通过抑制酶或损害病菌细胞膜来起到杀菌作用。消毒防腐药的主要作用机制大致可以归纳为以下三种：

1. 变性菌体蛋白使其沉淀　大部分消毒药物是通过这一机制起作用的，这种作用不具有选择性，可损害一切活体组织，这种消毒药不仅能杀菌，也能破坏兔体组织和其他家禽、家畜身体组织。如高锰酸钾等重金属盐类以及酚类、醛类、醇类等。

2. 改变细菌细胞膜的通透性　表面活性剂的杀菌作用是通过降低菌体细胞膜的表面张力，增加菌体细胞膜的通透性，从而引起酶和营养物质丢失，水向菌体细胞内渗入，使菌体涨破。

3. 干扰和破坏细菌必需的酶系　当消毒或防腐药的化学结构与菌体内的代谢物相似时，可以通过竞争地或非竞争地与酶结合，从而抑制酶的活性，导致菌体代谢的抑制或死亡；也可以通过氧化、还原等反应破坏酶的活性基因。

五、影响消毒防腐药作用的因素

消毒防腐药的消毒防腐作用不仅取决于药物自身的理化性质，而且受许多相关因素的影响。为了充分发挥消毒药物的消毒作用，在使用时应注意以下几个方面的因素：

1. 病原微生物　不同类型的病原微生物和处于不同状态的病原微生物，在形态结构和理化特性上各有不同，故对同一种消毒药敏感性也不相同。如革兰氏阳性菌对消毒药一般比革兰氏阴性菌敏感；病毒对碱性消毒药很敏感，对酚类消毒药很不敏感；适当浓度的酚类化合物几乎对所有不产生芽孢的繁殖型病原菌均有杀灭作用，但对处于休眠状态的芽孢作用不强。

2. 消毒药的浓度　消毒药消毒效果取决于与病原微生物接触的浓度。能起到杀菌作用的浓度称为最低有效浓度。一般规律是浓度低作用弱、浓度高作用强，但是浓度过高不仅造成浪费，还会对环境造成污染，对人和动物造成危害。要取得良好的消毒效果，应采用本书介绍的浓度范围。

3. 作用时间　消毒药物杀死病原微生物需要药物与其接触一定时间。对药物敏感的病原菌与药物短时间接触就能杀死，不敏感的病原菌与药物接触时间较长后才能被杀死。所以，一般来讲，消毒时间愈长，消毒效果愈好。为了取得良好的消毒效果，在选择消毒药时，应选择有效期长的消毒液，并掌握合适的消毒时间。

在其他条件相同的情况下，消毒药的杀菌效力一般是随其溶液浓度的增加而增强；或者说，呈现相同的杀菌效力所需的杀菌时间，一般是随着消毒液浓度增加而消毒时间缩短。

4. 环境温度　消毒药物消毒效果与环境温度呈正相关的关系，即温度越高，消毒效果越好。据实验统计，环境温度每增加10 ℃，消毒效果能增加 1 ~ 1.5 倍。所以，对消毒药物消毒效果的检测，通常是在 15 ~ 20 ℃的温度下进行的，这与实际的温度相近。对热稳定的药物，最好用热溶液进行消毒。

5. pH 值　消毒环境或消毒区的 pH 值对有些消毒药作用的影响很大。如戊二醛在酸性环境中较稳定，但杀菌能力弱；当加入 0.3% 碳酸氢钠，使溶液 pH 值变为 7.5 ~ 8.5 时，杀菌力显著提高，不仅能杀死多种繁殖型病菌，还能杀死芽孢。含氯消毒剂作用的最佳 pH 值为 5 ~ 6。以分子形式作用的酚、苯甲酸等，当环境 pH 值升高时，其分子的解离程度相应增加，杀菌效果随之减弱或消失。环境 pH 值升高可使菌体表面负电基团增多，带正电荷的消毒药作用增强，如季铵盐、洗必泰、染料类等。

6. 有机物的存在　消毒环境中粪、尿或创面上有脓、血、分泌的体液等有机物，对消毒效果的影响非常大，因为有机物和消毒剂结合形成不溶性化合物，或被其吸附，或发生化学反应，或对微生物起机械保护作用。有机物愈多，对消毒药的消毒效果影响愈大。因此，在消毒前务必清扫消毒场所、清洗用具或清理创面，使药物能充分发挥效果。

7. 水质硬度　硬水中的钙、镁离子能与季铵盐类、洗必泰、碘等结合，形成不溶性盐，从而降低消毒效果。

8. 配伍禁忌　养兔生产中常常遇到两种消毒药配伍使用，但是配伍不合理会使消毒效果降低。这是由物理或化学性配伍禁忌所造成的。例如，阴离子表面活性剂与阳离子表面活性剂合用时，发生置换反应，使消毒效果减弱，甚至完全消失；高锰酸钾、过氧乙酸等氧化剂与碘酊等还原剂之间发生氧化还原反应，不仅减弱消毒作用，而且会加重对皮肤的刺激性和毒性。

9. 消毒制度与管理　规模养兔场都有规范的消毒制度，如日常的定期消毒、发生传染病时紧急消毒、各种常规消毒等，都必须形成制度，以保证消毒效果。每一种消毒都有其严格的要求和规程，对消毒人员事先都要培训，要求每一种消毒、每一次消毒都必须认真、仔细、全面完成消毒任务，杜绝由于操作不当或不认真而影响消毒效果的情况发生。

第二节　养兔常用的消毒药

一、酚类

酚类是一种表面活性物质，带极性的羟基为亲水基团，苯环为亲脂基团，能够损伤菌体细胞膜，较高浓度时也可以使蛋白质变性，故有杀菌作用。酚类还可以通过抑制菌类脱氢酶和氧化酶的活性而产生抑菌作用。

酚在适当浓度下，对大多数不产生芽孢的繁殖型细菌和真菌都有杀灭作用，但对芽孢和病毒作用不强。酚类消毒药的抗菌活性不易受环境中有机物和细菌数目的影响，所以常用作排泄物消毒。酚类的化学性质稳定，在储存或遇热时不会改变药效。目前养兔场使用的酚类消毒药大多含两种或两种以上具有协同作用的化合物，以扩大抗菌范围。酚类化合物仅用于环境及用具消毒，由于酚类污染环境，研究开发低毒、高效的酚类消毒药应成为今后的研究方向。

苯酚

【别名】 酚、石炭酸。

【理化性质】 无色或微红色针状结晶或结晶性块状，有臭味，易潮湿，水溶液呈弱酸性，见光或在空气中颜色变深。苯酚在乙醇、氯仿、乙醚、甘油、植物油、挥发油中易溶，在水中也能溶解，在液体石蜡中微溶。

【作用与用途】 0.1%～1.0%的溶液有抑菌作用；1%～2%的溶液有杀菌、杀真菌的作用；5%的溶液在48小时内杀死炭疽杆菌的芽孢。本品杀菌效果与温度呈正相关。碱性环境、脂类、皂类等能减弱其杀菌作用。苯酚是外科最早使用的一种消毒防腐剂，但由于对动物和人都有较强的毒性，不能用于创面消毒和皮肤消毒。

【用法与用量】 苯酚浓度在0.1%～1.0%范围内可以抑制一般细菌的生长，1%浓度时，可以杀死细菌，但要杀死葡萄球菌、链球菌则需要3%的浓度；杀死霉菌则需要1.3%以上的浓度。芽孢和病毒对苯酚耐受性很强，所以一般苯酚无效。

另外，常用1%～5%浓度的溶液做房屋、兔舍、场地等环境消毒，3%～5%浓度做用具、器械消毒。应用的方法是喷洒或浸泡，用具和器械浸泡时间应在30～40分钟以上，餐具、饮水钵应在清洗后再浸泡。

【注意事项】 苯酚有毒性，使用时应注意以下事项：

（1）1%的苯酚即可麻痹皮肤、黏膜的神经末梢，高浓度时会产生腐蚀作用，并易透过皮肤、黏膜吸收而引起中毒，中毒症状表现为先兴奋后抑制，最后引起呼吸中枢麻痹而死亡。

（2）因具有特殊气味，饲料运输车辆及饲料储存库不宜使用这种消毒剂消毒。苯酚被认为是一种致癌物，不可随意使用。

甲酚

【别名】　煤酚或甲苯酚。甲酚是从煤焦油中分馏得到的邻位、间位和对位3种甲酚异构体的混合物。

【理化性质】　甲酚为无色、淡紫红色或淡棕黄色的澄清液体，有类似苯酚的臭味。久储或在日光下放置颜色变深。微溶于水，形成混浊溶液，饱和水溶液显中性或弱酸性。本品与乙醇、氯仿、乙醚、甘油、植物油等能任意混合。

【作用与用途】　抗菌作用比苯酚高3～10倍，但毒性相近，消毒用药液浓度较低，比苯酚安全。可杀灭一般繁殖型病原菌，对芽孢无效，对病毒作用不可靠。甲酚是酚类中最常用的消毒药。由于甲酚水中溶解度低，通常用肥皂乳化配制成50%甲酚皂溶液。

【用法与用量】

（1）甲酚皂溶液又称来苏儿，每1 000毫升中含甲酚500毫升、植物油173克，氢氧化钠27克，水加至1 000毫升。调配后的甲酚产品是呈黄棕色至红棕色黏稠液体，带甲酚的臭味。本品能与乙醇混合成澄清液体。动物排泄物和污染物消毒时配成10%溶液；兔舍及其他家畜、家禽舍、场地、器械、器具等消毒时配成3%～5%的溶液。

（2）甲酚磺酸是甲酚经磺化反应而得，效力有所提高。即毒性比甲酚降低，水溶液和杀菌力比甲酚提高。环境消毒时配成0.1%的溶液，作用相当于3%甲酚皂溶液。

【注意事项】

（1）甲酚有特臭味，食品、肉食品车间不能用其消毒。

（2）由于本品有色，棉花、毛纤维织品消毒也不能用本品。

（3）本品对皮肤有刺激性，用于消毒饮水和皮肤时，浓度只能在1%～2%，配制时务必精确计量，以免出差错。

复合酚

【别名】 菌毒敌、畜禽灵、农乐。

【理化性质】 复合酚是酚类及酸类复合型消毒剂，由41%～49%苯酚和22%～26%醋酸加十二烷基苯磺酸等配制而成的水溶性混合物。为深红褐色黏稠状液体，有特臭味。

【作用与用途】 是我国自主研制生产的一种兽医专用的广谱、高效、新型消毒剂，为取代酚的复合制剂。可以杀灭细菌、霉菌和病毒，对多种寄生虫卵也有杀灭作用。也能抑制蚊、蝇等昆虫的滋生和鼠害。主要用于兔舍消毒以及其他畜禽舍、饲养场、粪便堆积场等的消毒，运输工具、饲养器具等的消毒。药物作用效果能维持7天。

【用法与用量】 消毒用水溶液，喷洒消毒用，浓度为0.35%～1.0%，稀释用水温度不低于8℃。在环境较脏、污染严重时，可适当增加药物浓度。

【主要事项】 本品不能与其他消毒药品或碱性药品混合使用，以免降低消毒效果；严禁使用刚盛过农药的喷雾器盛放，以免引起动物意外中毒。

农福

【别名】 复方煤焦油酸溶液

【理化性质】 淡黄色或淡黑色黏性液体。其中含高沸点煤焦油酸39%～43%，醋酸18.5%～20.5%，十二烷基磺酸

23.5%～25.5%，间甲酚＜5%，石油醚＜5%。为深褐色液体，具有煤焦油和醋酸的特异酸臭味。

【作用与用途】　与复合酚相同。

【用法与用量】　农福多以喷雾法和浸洗法应用。喷洒兔舍墙壁、地面时，浓度为1%～1.5%；用以浸泡医用器具和车辆冲洗时，浓度为1.5%～2.0%。

【注意事项】　农福原为进口消毒剂，而现今用的农福为我国研制的新产品，均为复合酚类消毒剂，有菌毒灭、菌毒敌、菌毒剂等不同商品名，药物含量有一定差异，使用前应细看说明书；喷雾消毒时应注意保护工作人员的皮肤，不能让工作人员的皮肤与消毒液接触。

克辽林

【别名】　臭药水、煤焦油皂溶液。

【理化性质】　在粗制煤酚中加入肥皂、树脂和氢氧化钠少许，加温制成。为暗褐色液体，用水稀释时呈乳白色或带咖啡乳白色乳剂。

【作用与用途】　杀菌效果同甲酚，可用于兔舍、其他畜禽舍、用具和排泄物堆积场消毒。

【用法与用量】　兔舍、用具和排泄物及其堆积场消毒，浓度为3%～5%。兔脚皮炎，浸泡消毒浓度可达10%。

六氯酚

【理化性质】　不溶于纯水中，易溶于肥皂溶液中。多制成药皂使用。

【作用与用途】　对革兰阳性菌有较强的杀菌作用，对革兰阴性菌杀菌作用稍弱一些。2%～5%浓度的六氯酚加入抗菌药皂，用于皮肤消毒。但一次效果不比普通肥皂好，多次用其擦洗皮肤，会在皮肤表面残存一层药膜，从而使其抑菌作用延长。

【注意事项】 六氯酚易被吸收，若用量超标，被消毒的家禽里的动物会出现神经毒性症状。人皮肤反复接触高浓度六氯酚，也会引起吸收中毒，导致神经系统紊乱。为避免对人的神经毒性，美国食品药物管理局规定：凡含六氯酚高于0.75%的产品，均凭处方购买；误食六氯酚会使人急性中毒。

二、酸类

常用的酸类消毒剂有无机酸类和有机酸类。无机酸类的杀菌作用取决于离解的氢离子，包括硝酸、盐酸和硼酸等。2%的硝酸溶液或盐酸溶液具有很强的抑菌作用和杀菌作用，但浓度再大时会有腐蚀性，浓度愈大腐蚀性愈强。使用时应特别注意。硼酸的杀菌作用较弱，常用浓度为1%～2%，可以用于黏膜，如眼结膜的消毒。

有机酸的杀菌作用靠非离电的分子透过细菌的细胞膜而对细菌起杀灭作用。如甲酸、乙酸和乳酸等均有抑菌和杀菌作用。

硼酸

【理化性质】 由硼酸钠（硼砂）与酸作用而得。为无色稍带珍珠光泽的结晶或白色疏松的粉末，有滑腻感，无臭，在水中溶解，水溶液呈弱酸性。硼酸在乙醇中溶解，在沸水中、沸乙醇中或甘油中易溶。

【作用与用途】 作为防腐药。对细菌和真菌有微弱的抑菌作用，主要是通过氢离子而发挥抑菌作用的。刺激性小，常用作洗眼或冲洗黏膜。

【用法与用量】 用2%～4%浓度的溶液洗眼、口腔黏膜等；3%～5%的溶液洗红肿但尚未化脓的患部、创口；用硼酸磺胺粉（按1:1）治疗创伤；硼酸甘油（31:100）治疗口腔、鼻黏膜炎症；硼酸软膏（5%）治疗溃疡、褥疮等。

【注意事项】　外用毒性小，但不适用于大面积创伤和新生肉芽组织，以避免吸收后积蓄过量引起毒性反应。急性中毒的早期症状为呕吐、腹泻、皮疹、中枢神经系统先兴奋后抑制，严重时引起循环衰竭或休克。

醋酸

【理化性质】　无色透明的液体，有刺鼻性酸味，能与水、乙醚、甘油以任意的比例混合。

【作用与用途】　作为防腐药，对伤寒沙门杆菌、大肠杆菌等革兰阴性菌和葡萄球菌、链球菌等革兰阳性菌均有杀菌和抑菌作用。它的蒸汽或喷雾用以消毒空气，能杀死流感病毒和某些细菌。作为空气消毒，具有廉价、毒性低的优点，但杀菌力不是很强。带兔消毒兔体不受影响。用于空气消毒可以预防流行性感冒和感冒。5%的醋酸溶液有抗绿脓杆菌、嗜酸杆菌和假单胞菌属的作用；稀释后内服，可以治疗消化不良。

【用法与用量】　市售商品含纯醋酸 36% ~ 37%，常用含纯醋酸 5.7% ~ 6.3% 的醋酸，食用醋含纯醋酸 2% ~ 10%。稀释醋酸加热蒸发用以空气消毒，每 100 米^3 空间用醋酸 20 ~ 40 毫升，如用食醋空气消毒，则 100 米^3 300 ~ 1 000 毫升。

乳酸

【理化性质】　无色或淡黄色澄清液体，无臭味酸，能与水、醇任意混合，露置空气中有吸湿性，应密封保存。

【作用与用途】　与醋酸基本相同。

【用法与用量】　本品以蒸汽或喷雾的形式做空气消毒，用量为 100 米^3 空间用 6 ~ 12 毫升，将本品加水至 24 ~ 48 毫升，使其成为 20% 的浓度，消毒 30 ~ 60 分钟。

用乳酸蒸汽消毒仓库或产房时，用量为100米³用10毫升乳酸，加水10~12毫升，使其成为33%~50%浓度，加热使其蒸发，房室或兔舍门窗封闭，消毒30~60分钟。

过氧乙酸

【理化性质】 本品为无色透明液体，易溶于水和有机溶剂，呈弱酸性，易挥发，有刺激性气味。当过热、遇到有机物或杂质时容易分解。急剧分解时可发生爆炸，但浓度在40%以下时，在室温下储存不会爆炸。宜密封、避光保存。

【作用与用途】 本品具有高效、速效、广谱杀菌作用，对细菌、病毒、霉菌和芽孢均有效。对动物组织有一定的刺激性、腐蚀性。作为消毒防腐剂，作用范围广、用药量小，毒性低，使用方便，对兔群的刺激性小。除金属制品外，可用于大多数用具和物品的消毒，常做带动物消毒。如兔舍带兔蒸汽消毒，也可以用于饲养员下班时手的消毒。

【用法与用量】 市场上销售的产品多为20%浓度的制剂。用的时候根据不同的用途配成不同的浓度。

（1）饲养用具、饲养员消毒手、耐酸塑料、玻璃、搪瓷、橡胶制品短时间浸泡消毒，配制溶液浓度应为0.04%~0.2%。

（2）空气蒸汽消毒，可直接用20%成品，每立方米空间1~3毫升。将20%的成品稀释成4%~5%的溶液后，加热让其蒸发。当温度在15℃以上，相对湿度为70%~80%时，室内蒸发用药以每立方米1毫升成品，蒸汽熏蒸时间60分钟，可使细菌繁殖体、病毒与病菌毒素的污染减轻，达到消毒的目的。对细菌芽孢，每立方米空间需要3毫升，消毒时间90分钟。当温度为0~5℃时，将湿度提高到90%~100%，并且每立方米空间的用量提高到5毫升，作用时间120分钟才能达到消毒的目的。

（3）喷雾消毒，5%的过氧乙酸溶液，按每立方米2.5毫升的量喷雾消毒，密闭被消毒的饲养室，能达到消毒的目的。

（4）喷洒消毒，用0.5%的过氧乙酸溶液喷洒消毒兔舍内空间、墙壁、地面、车辆等，效果很好。

（5）带兔消毒，用0.3%的过氧乙酸溶液按每立方米空间30毫升消毒兔舍，可以达到消毒的目的。

（6）饮水消毒，每升饮水中加20%过氧乙酸1毫升，让兔在30分钟左右饮完可以达到消毒的目的。

【注意事项】

（1）本品性质不稳定，容易分解，其所用水溶液必须现用现配，并于配制后1天左右用完。

（2）增加消毒室的温度可以增强本品的杀菌效果，进行空气消毒时，应增加兔舍内空气湿度。当温度为15℃时，相对湿度以60%～80%为宜；当温度为0～5℃时，相对湿度以90%～100%为宜。

（3）进行空气消毒应注意的事项。进行空气消毒和喷雾消毒时，应封闭兔舍的门、窗及其他通气孔，喷雾后密封2小时左右即可。

水杨酸

【别名】 柳酸

【理化性质】 白色、细微的针状结晶或毛状结晶状粉末，无臭、味微甜。在乙酸中易溶，在水中微溶，水溶液呈酸性。杀菌作用较弱，但仍有良好的杀霉菌作用，并有溶解角质的作用。

【作用与用途】 5%～10%乙醇溶液，用于治疗霉菌引起的皮肤病。5%～20%溶液能溶解角质，促进坏死组织脱落。5%的乙醇溶液或纯品，治疗脚部腐烂等。1%的软膏用于创伤的治疗。

苯甲酸

【理化性质】 白色或微带黄色的轻质鳞片状或针状结晶，无臭、微有香味，易挥发，常温下难溶于水，易溶于沸水或乙醇。有抑制霉菌的作用。

【作用与用法】 多与水杨酸等配成复方苯甲酸软膏，或复方苯甲酸涂剂治疗皮肤霉菌病。用于饲料防霉剂时，可先用乙醇配成溶液，再加入饲料中充分搅拌，饲料添加量不得超过0.1%。

三、碱类

碱类杀灭微生物的效果取决于离解的氢氧根（OH^-）离子浓度，氢氧根离子浓度愈高，其杀灭作用愈强。由于氢氧根离子可以水解蛋白质和核酸，使微生物的结构和其中的酶系统遭到破坏，同时还可以分解菌体中的糖类，因此碱类对微生物有较强的杀灭作用，尤其对病毒和革兰氏阴性杆菌的杀灭作用更强。在养兔和其他珍贵毛皮动物生产中常常用氢氧化钠和生石灰做消毒剂。

氢氧化钠

【别名】 苛性钠、烧碱。

【理化性质】 白色块状、棒状或片状结晶，吸湿性强，容易吸收空气中的二氧化碳气体形成碳酸盐。极易溶于水，易溶于乙醇，应严密封闭保存。

【作用与用途】 对细菌的繁殖体、芽孢和病毒都有很强的杀灭作用，对寄生虫卵也有杀灭作用，浓度增大和溶解的水温度提高可明显提高杀菌力。但低浓度时对组织有刺激性，高浓度对动物组织和物体均有腐蚀性。常用于预防病毒或病菌引起的传染病的环境消毒或兔场、各种家禽、家畜场消毒。

【注意事项】

（1）高浓度氢氧化钠溶液可以灼伤动物和人体组织，对金属制品、棉制品、毛制品、漆面等都有损坏作用，使用时应特别小心。

（2）工业用的工业烧碱或固体碱含氢氧化钠94%，因价格偏低，常代替精制氢氧化钠做消毒剂，消毒效果不减。

生石灰

【别名】 又称为氧化钙。

【理化性质】 白色或白色块状或粉末状，无臭，主要成分为氧化钙，易吸湿，加水后即变为氢氧化钙，俗称熟石灰或消石灰。消石灰属强碱，吸湿性也强，吸收空气中二氧化碳（CO_2）后变成坚硬的碳酸钙而失去消毒作用。

【作用与用途】 生石灰加水后生成熟石灰，其消毒作用与解离的氢氧根离子与钙离子的多少有关。氢氧根离子对微生物蛋白具有破坏作用，钙离子也使细菌蛋白变性而起到抑制或杀死作用。本品对大多数细菌的繁殖体有杀灭效果，但对细菌芽孢和结核杆菌无效。因此，常用于地面、墙壁、粪池和粪堆以及人行道、污水坑等的消毒。为达到防疫目的，兔场门口放置浸透20%石灰乳湿草，对过往人员鞋底消毒。

【用法与用量】 生石灰加水配制成10%～20%的石灰乳，进行涂刷墙壁、地面消毒等。

生石灰1 000克加水350毫升生成消石灰的粉末，可撒布阴湿地面、粪池周围及污水沟等处消毒。

【注意事项】

（1）生石灰应干燥保存，以免潮解失效。

（2）消毒用的石灰乳应现用现配，配好后短时间内用完，时间长了因吸收空气中的CO_2变成碳酸钙而失效。

四、醇类

醇类是应用最早的一类消毒防腐剂，其杀菌作用随相对分子质量的增大而增强。但是随相对分子质量的增大而水溶性逐渐降低。丙醇以上的醇类很难配成适当浓度的溶液使用。因此高相对分子质量醇类一般不做消毒防腐剂使用，养殖生产中医药消毒常用的都是乙醇。本部分只介绍乙醇。

乙醇的优点：性质稳定，作用迅速，无腐蚀性，不会残留，可与其他药物配成酊剂而起增效作用。缺点是：不能杀死细菌芽孢，抗菌作用受蛋白质影响大，抗菌有效浓度较低。

乙醇

【别名】 酒精。

【理化性质】 为无色澄明的液体，有一种特殊味，味灼烈。易挥发，易燃烧，燃烧时显淡蓝色火焰，加热至78℃即沸腾。乙醇与水、甘油、氯仿、乙醚能以任意比例混合。无水乙醇的含量实为99%，医用乙醇浓度为95%以下，处方上凡未指名浓度的乙醇，均指95%的乙醇。

【作用与用途】 乙醇是目前人医和兽医临床上使用最为广泛，也是较好的皮肤消毒药。能杀死繁殖型细菌，对结核分枝杆菌、囊膜病毒也有杀灭作用，但对芽孢无效。乙醇的杀菌机制是使胞浆脱水，并进入蛋白肽链的空隙，破坏构型，使菌体蛋白变性沉淀。乙醇可以溶解类脂质，不仅易渗入菌体破坏其细胞，而且能溶解皮肤分泌物，从而发挥机械性除菌作用。

纯乙醇的杀菌作用反而不强，因为它能使组织表面形成一层蛋白凝固膜，妨碍渗透，反而起了保护作用影响渗透。医药上常用的乙醇浓度是75%，俗称消毒乙醇，可以用来消毒皮肤、浸泡刀剪等器械，亦可以做溶媒。当乙醇的浓度低于20%时，杀菌作用微弱，而高于95％时，则作用不可靠。乙醇对黏膜的刺激性大，不能用于黏膜和创面抗感染。

乙醇还能扩张局部血管，改善局部血液循环，用稀乙醇涂擦久卧动物形成的褥疮，可以缓解病情。浓乙醇涂擦可促进炎性产物吸收，减轻疼痛。无水乙醇纱布压迫手术出血创面5分钟，可立即止血。

【用法与用量】 70％～75％的乙醇用于皮肤、手臂、注射部位、注射针头和小件医疗器械的消毒，不仅能迅速杀灭细菌，还具有清洁局部皮肤、溶解皮脂的作用。

临床常用95％的乙醇配成各种浓度，乙醇的简便配制方法见表1。

表1 各种浓度的乙醇配制方法

配制乙醇浓度/%	配制量/毫升	95%乙醇用量/毫升	加蒸馏水的量/毫升
10	950	100	850
20	950	200	750
30	950	300	650
40	950	400	550
50	950	500	450
60	950	600	350
70	950	700	250
80	950	800	150
85	950	850	100
90	950	900	50

五、氧化剂

氧化剂是一类含有不稳定的结合氧的化合物，遇有机物或酶即放出新生态氧，破坏菌体蛋白质或酶，而起到杀菌作用。但同时对组织、细胞也有不同程度的损伤和腐蚀作用。本类消毒药对厌氧菌作用强，对革兰氏阳性菌和某些螺旋体有抑制作用。

过氧化氢溶液

【别名】 双氧水。

【理化性质】 本品溶液为无色透明液体，无臭或有类似臭氧的臭气。遇氧化物或还原物即迅速分解并发生泡沫，遇到光、热易变质。置棕色玻璃瓶中或避光放置在阴凉处保存。

过氧化氢溶液含过氧化氢应在 $2.5\%\sim3.5\%$，市售品还有浓过氧化氢溶液，含过氧化氢在 $26.0\%\sim28.0\%$。

【作用与用途】 本品有较强的氧化性，在与组织或血液中的过氧化氢酶接触时，迅速分解，释放出新生态氧，对细菌产生氧化作用，干扰细菌酶系统的功能而发挥其抗菌作用。由于作用时间短，且有机物能大大减低其作用，因此杀菌力较弱。在接触创面时，由于分解迅速，会产生大量气泡，机械地松动脓块、血块、坏死组织及与组织连接的敷料，有利于清洁创面。

【用法与用量】

（1）冲洗口腔黏膜用 $0.3\%\sim1.0\%$ 溶液。

（2）3% 的过氧化氢溶液用于冲洗化脓性创伤，去除痂皮，尤其是对厌氧性菌的感染更有效，3% 以上的高浓度溶液，对动物组织有刺激和腐蚀性。

（3）过氧化氢具有除臭和止血作用，如用 5% 的过氧化氢溶液涂于出血的细小创面上止血。

【注意事项】

（1）不要用手直接接触高浓度过氧化氢溶液，以免发生刺激性灼伤。

（2）不能与有机物、碱、生物碱、碘化物、高锰酸钾等较强的氧化剂配伍应用。

（3）不能注入胸腔、腹腔密闭的体腔或腔道或气体不易逸散的深部脓疮，以免产气过速而导致栓塞或扩大感染。

高锰酸钾

【别名】 灰锰氧。

【理化性质】 黑紫色、细长的菱形结晶体或颗粒，带有蓝色的金属光泽，无臭。与某些有机物或易氧化的化合物一起研磨或混合时，易引起爆炸或燃烧。在水中溶解，在沸水中更易溶解，水溶液呈深紫色。

【作用与用途】 是一种强氧化剂，遇有机物或加热、加酸、加碱等均即刻释放新生态氧，呈现杀菌、除臭、解毒作用。在发生氧化反应时，本身还原为棕色的二氧化锰，后者可与蛋白质结合成蛋白盐类复合物。高锰酸钾在低浓度时对动物组织有收敛作用，高浓度时有刺激、腐蚀作用。高锰酸钾的抗菌作用高于过氧化氢，但它极易被有机物分解而降低作用。在酸性环境中杀菌作用增强，2%~5%的溶液能在 24 小时内杀死芽孢；1% 的溶液中加入 1.1% 盐酸，则能在半分钟内杀死炭疽杆菌芽孢。

【用法与用量】 0.1% 浓度的溶液用于饮水消毒，杀死肠道病原菌；0.1%~0.2% 的溶液，能杀死多种繁殖型细菌，常用于创面清洗；为减少对肉芽组织的刺激性，可用 0.03% 的溶液。0.03%~0.1% 的溶液可以用来冲洗膀胱、阴道和子宫等的黏膜。

2%~5% 溶液用于清洗被病毒、病菌污染的器具、饮水器、食槽，浸泡器械等。

本品与福尔马林合用，用于其他养殖室改兔舍使用前的熏蒸消毒。每立方米空间，福尔马林 12 毫升，高锰酸钾 7 克，选择一陶瓷钵放在要消毒的室内中央，按空间大小放入高锰酸钾，把窗子和一切孔都堵严，唯有门开着。再将消毒空间需要的福尔马林量出放入另一陶瓷钵内，操作人员将福尔马林快捷地倒入盛高锰酸钾的陶瓷钵内，迅速退出消毒房间，并迅速关上门。这时室内产生大量白烟，封闭一天后打开放烟，待烟放完，味完全消散后，可以往里面进兔。

【注意事项】

（1）严格掌握不同用途采用的不同浓度溶液；溶液需要现用现配，避光保存，久放不用，颜色变为棕色就失去了药效。

（2）由于高浓度的高锰酸钾溶液有刺激和腐蚀作用，不能用其洗胃、灌肠。

（3）误服可引起一系列消化系统刺激症状，严重时出现呼吸和吞咽困难、蛋白尿等。应用本品中毒后，应用温水或添加3%过氧化氢洗胃，之后灌牛奶、豆浆等，或用氢氧化铝凝胶灌服，以延缓对高锰酸钾的吸收。

六、醛类

这类消毒药的消毒作用主要是通过烷基化反应使菌体蛋白变性，酶和核酸的功能发生改变，从而呈较强的杀菌作用。常用的有甲醛、戊二醛。

醛类作用与醇类相似，但其杀菌作用比醇类强。其中以甲醛杀菌作用最强。

醛类消毒药化学活性强，常温、常压下也容易挥发，又称挥发性烷化剂。所以，应储存在通风、阴凉处。

甲醛溶液

【别名】 40%的甲醛溶液称为福尔马林。

【理化性质】 无色或几乎无色的透明液体，市售商品含量40%，称福尔马林，有刺激性臭味。能与水或乙醇以任意比例混合。凝固蛋白和溶解类脂，与蛋白质的氨基结合而使蛋白质变性，产生强大的杀菌作用，所有菌类都可以杀灭。长期存放在阴凉处，以 9 ℃以下最适宜。因聚合作用而混浊，可以加 10% ~ 20% 甲醇或乙醇防止聚合变性。

【作用与用途】 甲醛在气态或液态下均能凝固细菌菌体蛋白和溶解类脂，还能与蛋白质的氨基酸结合而使蛋白质变性，是广泛使用的防腐消毒剂。本品杀菌谱广且作用强，对细菌繁殖体及芽孢、病毒、真菌均有杀菌作用。主要用于兔舍及其他畜禽舍、仓库及器械消毒，因有硬化组织的作用，可以用来固定动植物标本，保存尸体。

【用法与用量】 5% 的甲醛乙醇溶液可用于手术消毒。20% 甲醛溶液，可用于大型哺乳动物烂蹄清洗消毒。10% ~ 20% 的甲醛溶液可做喷雾消毒、浸泡消毒，也可以做熏蒸消毒用。室内、器具消毒，每立方米空间用甲醛溶液 20 毫升，加等量的水，然后加热使甲醛变为气体。熏蒸消毒必须有较高的室温和相对湿度，一般室温不能低于 15 ℃，相对湿度应在 60% ~ 80%，消毒时间应为 8 ~ 10 小时。甲醛内服可以作为兔的止酵剂，治疗肠道膨胀，1 次量 1 毫升，加水稀释 20 ~ 30 倍灌服。

【注意事项】

(1) 用醛熏蒸消毒时，应与高锰酸钾混合，其操作已在高锰酸钾部分介绍了。

(2) 甲醛气体有强致癌作用，尤其是肺癌，近几年已很少用其消毒；消毒后在物体表面形成一层具有腐蚀作用的薄膜。

(3) 动物误服甲醛溶液，应迅速灌服稀氨水解毒；药液污染皮肤应立即用肥皂和水清洗。

聚甲醛

【别名】 多聚甲醛、是甲醛的聚合物。

【理化性质】 带有甲醛的臭味，为白色松散的粉末，熔点为 12 ~ 17 ℃，在冷水中溶解缓慢，在热水中很快溶解，可溶于稀酸和稀碱溶液。

【作用与用途】 聚甲醛本无消毒作用，但放置过程中在常温下可缓慢释放出甲醛分子而呈现出杀菌作用。如加热到 80 ~ 100 ℃时即释放出大量甲醛分子（气体），呈现强大杀菌作用。由于本品使用方便，近些年有较多的应用。常用于杀灭细菌和真菌以及病毒。

【用法与说明】 多用于熏蒸消毒，常用量为 3 ~ 5 克／米^3，消毒时间为 10 小时，时间长一些更好。如果是更大的空间消毒，可把用量加大到 10 克/米^3。消毒室内温度控制在 18 ℃以上，相对湿度控制在 80% ~ 90%，最小不能低于相对湿度 50%。

戊二醛

【理化性质】 油状液体，沸点为 187 ~ 189 ℃，易溶于水和乙醇，呈酸性反应。

【作用与用途】 对繁殖型革兰氏阳性和革兰氏阴性菌杀菌作用都很迅速，对耐酸菌、芽孢、某些霉菌和病毒也有抑制作用。在酸性溶液中较为稳定，在 pH 值为 5 ~ 8.5 的范围内杀菌作用最强。

【用法与用量】 浓戊二醛溶液为 20% 或 25% 的水溶液；稀戊二醛溶液为 2% 的水溶液，系由浓溶液稀释制成的。常用 2% 碱性溶液（加 0.3% 碳酸氢钠），用于浸泡橡胶或塑料等不宜加热消毒的器械或制品，浸泡时间为 10 ~ 20 分钟即可达到消毒的目的。

【注意事项】

（1）使用时避免与皮肤与黏膜等接触，如接触了，应及时用水冲洗干净，以免受腐蚀。

（2）使用过程中，不应接触金属器具，可用陶瓷容器盛放。

（3）本品在碱性溶液中杀菌作用强，但稳定性差，放置2周后即失效。使用时配制一次，2~3天用完最好。

七、卤素类

卤素和易放出卤素的化合物都具有强大的杀菌作用，其中氯的杀菌作用最强。卤素对菌体细胞浆有高度亲和力，易渗入细胞，使胞浆蛋白的氨基或其他基团卤化，或氧化活性基团而呈现杀菌作用。氯和含氯化合物的强大杀菌作用是由于氯化作用破坏菌体，或改变细胞膜的通透性，或者氧化作用抑制各种基酶或其他对氧化作用敏感的酶类，从而引起细菌死亡。

碘

【理化性质】 碘为灰黑色或蓝黑色、有金属光泽的片状结晶或块状物，有臭味，在常温下能挥发，在水中不溶解，但可以溶于碘化钾或碘化钠的水溶液中。在乙醇、乙醚中易溶，在氯仿中也能溶解，在四氯化碳中微溶。

【作用与用途】 本品有强大的杀菌作用，可杀灭细菌芽孢、真菌、病毒和原虫。碘的杀菌原理是碘化或氧化菌体蛋白的活性基因，并与蛋白质的氨基结合而导致蛋白质变性和抑制菌体的代谢酶系统。

碘酊是常用的最有效的皮肤消毒药。一般皮肤消毒用2%的碘酊，手术部位消毒用5%的碘酊。由于碘对皮肤有强烈的刺激性，其刺激的强度与碘含量有关，故碘酊涂抹皮肤时，待稍干后再用75%的乙醇擦去，以免引起发泡、脱皮或皮炎。碘甘油刺激性小，用于黏膜表面消毒。2%碘溶液不含乙醇，适用于皮肤浅层破损和创面，以防止细菌感染。在紧急情况下用于饮水消毒，每升水中加入2%的碘酊5~6滴，15分钟后可以饮用，水无不良气味，且水中各种致病菌、原虫和其他生物可以被杀死。

【用法与用量】

（1）碘酊：含碘2%、碘化钾1.5%，加水适量，以50%乙醇配制。为红棕色的澄清液体，用于术前和注射前的皮肤消毒。

（2）浓碘酊：含碘10%、碘化钾7.5%，以95%的乙醇配制。为暗红褐色液体。具有很强的刺激性，用作刺激药，外用涂擦于患部皮肤，治疗腱鞘炎、滑膜炎等慢性炎症。将浓碘酊与50%乙醇混合即配成5%的碘酊，作为兽用。

（3）碘溶液是：含碘2%、碘化钾2.5%的水溶液。用于皮肤浅表破损和创面消毒。

（4）碘甘油：含碘1%、碘化钾1%，以甘油进行配制。涂于患处，用于治疗口腔、舌、牙龈、阴道等黏膜炎症与溃疡。

【注意事项】

（1）涂抹皮肤后产生皮疹的禁用。

（2）碘酊涂于皮肤消毒时，必须是涂在干皮肤上，涂于湿皮肤上不仅杀菌力降低，往往引起疱疹或皮炎。

（3）不可与含汞的药物合用，与含汞药物合用时形成碘化汞而呈现毒性作用。

（4）配制的碘溶液应存放在密闭的玻璃容器内。若放置时间过长，颜色变淡，在补足碘浓度后还可重新使用。

碘伏

【别名】 强力碘、敌菌碘。

【理化性质】 本品为碘与表面活性剂络结合而成的不稳定络合物。为棕色液体，具有亲水、亲脂两重性，含有效碘2.7%～3.3%。溶解度大，无味、无刺激性，毒性较低。

【作用与用途】 为广谱杀菌剂，能杀死病毒、细菌、细菌芽孢、真菌及原虫等。本品能在溶液中缓慢释放出碘，以保持较长时间的杀菌作用。主要用于环境消毒、表面消毒、外科消毒等，兼有清洁剂的功效。

【用法与用量】　用5%溶液喷洒兔舍，3～9毫升／米^3；5%～10%的溶液刷洗或浸泡消毒室用具、手术器械等；每升饮水中加原药液15～20毫升，饮用3～5天，防治肠道传染病。

速效碘

【理化性质】　为碘、强力络合物和增效剂络合物形成的无毒液体。

【作用与用途】　是新型的含碘消毒液。具有以下的特点：

（1）高效：比常规碘消毒液效率高出5～7倍。

（2）速效：在每升水含25毫克速效碘时，60秒内即杀灭常见病原微生物。

（3）广谱：对细菌、真菌、病毒等都有杀灭作用。

（4）对人、畜无毒害：无毒、无刺激、无腐蚀、无残留。

用于环境、用具、体表、手术器械消毒。

【用法与用量】　本品有两种制剂，即SI－Ⅰ型（含有效碘1%）、SI－Ⅱ型（含有效碘0.35%）。其剂量和使用方法见表2。

表2　速效碘的使用方法

使用范围	稀释比例		使用方法	作用时间/分
	SI－Ⅰ	SI－Ⅱ		
饮水	500～1 000	150～300	直接饮用	
兔舍喷洒乙醇	300～400	100～200	喷雾或喷洒	5～30
器具、食槽、水槽	350～500	100～250	喷雾、洗刷	5～20
带兔消毒	350～450	100～250	喷雾	5～30
传染病高峰期	150～200	50～100	喷雾、同时饮水	5～30
大肠杆菌病	400～800	120～300	饮水	
手术器械	200～300	50～100	浸泡、擦拭	5～10

【注意事项】

（1）不能与碱性消毒剂同时使用，污染严重的环境酌情加量。

（2）有效期为 2 年，应于 −40 ～ −20 ℃ 处避光保存。

复合碘溶液

【别名】 雅好生。

【理化性质】 本品为碘、碘化物、磷酸配制而成的水溶液。含活性碘 1.8% ～2.0%、磷酸 16% ～18%，为红棕色黏稠液体，未稀释时可存放多年，稀释后应尽快用完。

【作用与用途】 对细菌、真菌与病毒均有抑制和杀灭作用。抗菌谱广、作用迅速、无腐蚀性，不污染环境，对人和畜禽皮肤无刺激性。主要用于畜禽消毒、器械消毒和污染物处理。

【用法与用量】 用 1% ～3% 的溶液喷洒消毒畜禽舍、屠宰车间等；用 0.5% ～1.0% 的溶液消毒器械。

碘酸混合液

【别名】 百菌消。

【理化性质】 为碘、碘化物、硫酸及磷酸制成的水溶液，含有效碘 2.75% ～2.8%。呈深棕色液体，有碘的臭味，易挥发。

【作用与用途】 有较强的杀菌和杀灭病毒、真菌的作用。用于外科手术的部位、畜禽舍、用具等消毒。

【用法与用量】 用 1:（100 ～300）稀释液可以杀灭病毒；1:300 的稀释液用于手术室及伤口的消毒；1:（400 ～600）稀释的溶液用于兔或其他畜禽的消毒；1:2 500 的稀释液用于饮水消毒。

次氯酸钠

【理化性质】 为澄明、微黄的水溶液，含 5% 的次氯酸钠，性质不稳定，遇光容易分解，应在避光、密封条件下保存。

【作用与用途】　有强大的杀菌作用，但对皮肤与组织有较大的刺激作用，故不能做创伤消毒剂。常用于兔舍、其他畜禽舍消毒及环境消毒。

【用法与用量】　0.01%～0.02%水溶液用于工具、器械消毒，消毒时间为5～10分钟；0.3%的水溶液每立方米空间30～50毫升用于兔舍内气雾消毒；1%的水溶液用于周围环境喷雾消毒。

强力消毒王

【理化性质】　是一种新型复方含氯消毒剂。主要成分为二氯异氰尿酸钠，并加入阴离子表面活性剂。本品有效氯含量大于20%。

【作用与用途】　本品易溶于水，消毒杀菌力强，正常使用时对人、兔及其他畜禽均无害，对皮肤、黏膜均无刺激和腐蚀作用，并具有防霉、去污、除臭的效果，且性质稳定、持久、耐储存；可以带兔喷雾消毒。对由细菌、病毒和霉菌所引起的疾病均有显著效果。

【用法与用量】　根据消毒对象和消毒范围，参考规定比例，取一定量的消毒药品，现用少量水配成混悬液，再加水逐渐稀释到规定比例。具体用量如表3所示。

表3　强力消毒王的使用方法

消毒范围	配比	使用方法	作用时间/分
兔舍、环境	1:800	喷雾	30
带兔消毒	1:1 000	喷洒，30毫升/米^3	10
传染病消毒	1:500	500毫升/米^3，喷雾	
器械	1:2 000	浸泡	10
消毒池	1:800	4天更换1次	
饮水	每立方米5～15克		15

【注意事项】

（1）不要与有机物、有害农药、还原剂混合使用，禁止使用喷洒过农药的喷雾器装本消毒剂。

（2）现用现配。

抗毒威

【理化性质】 本品为新型、广谱含氯混合消毒剂，呈白色粉末状，易溶于水，在水溶液中性质稳定，毒性低，对人畜无害。

【作用与用途】 能有效地杀灭病毒、霉形体、大肠杆菌、沙门杆菌、葡萄球菌、巴氏杆菌等兔场常见的病原体。常用作兔场及其他畜禽场地面、器具、饮水消毒，用以预防各种病菌和病原菌引起的传染病。

【用法与用量】 配成水溶液作消毒剂使用。按 1:400 配成的溶液，可以消毒兔舍、地面和带兔消毒兔舍空间，每 5~7 天消毒 1 次。也可用该浓度溶液消毒养兔用具，作用 10 分钟即能起到消毒效果。

按 1:5 000 的比例配制的溶液可作饮水，出现肠道传染性疾病时，可以让兔饮水，抑制肠道病原菌。

【注意事项】

（1）抗毒威为预防性消毒剂，可经常使用。

（2）急性肠道传染病来袭时，可按 1:1 000 的比例加入饲料喂兔，结合抗生素治疗，对控制病情效果更好。

八、染料

染料类消毒剂分两大类，即碱性类和酸性类。它们的阳离子和阴离子能分别与细菌的蛋白质的羧基和氨基相结合，影响其代谢，能起到抗菌作用。常用的碱性染料对革兰氏阳性菌有效，一般酸性染料抗菌作用较微弱。

甲紫

【理化性质】　本品为氯化四甲基、氯化五甲基、氯化六甲基、副玫瑰苯胺的混合物。为深绿紫色的颗粒性粉末或绿紫色有金属光泽的碎片，微臭。在乙醇或氯仿中溶解，在水中略溶。

【作用与用途】　甲紫、龙胆紫、结晶紫是一类性质相同的碱性染料，对革兰氏阳性菌有较强的杀灭作用，也有抗真菌作用。对组织无刺激性。临床上常用 1% ~ 2% 水溶液或醇溶液治疗皮肤或黏膜创面感染或溃疡，0.1% ~ 1% 水溶液用于烧伤。因有收敛作用，能使创面干燥，也用于皮肤表面真菌感染。

【用法与用量】　临床上常用的甲紫溶液含甲紫 0.85% ~ 1.05%，俗称紫药水。外用治疗皮肤或黏膜创伤、烧伤和溃疡。

乳酸依沙吖啶

【别名】　利凡诺、雷佛奴尔。

【理化性质】　本品为黄色结晶性粉末，无臭、味苦。在冷水中略溶，在热水中易溶，水溶液不稳定，遇光渐退色。在乙醇中微溶，在沸水中溶解。

【作用与用途】　乳酸依沙吖啶类染料，为染料类中最有效的防腐药，属碱性染料。碱基在未离成阳离子前，不具有抗菌活性，当本品解离出依沙吖啶，在其碱性氮基上带正电荷时，才对革兰氏阳性菌呈现最大的抑菌作用，对各种化脓菌均有较强的作用。抗菌活性与溶液的 pH 值和药物的解离常数有关。以 0.1% ~ 0.3% 水溶液冲洗或以浸药纱布温敷，可以治疗皮肤和黏膜的创面感染。在治疗过程中对组织无损害，抗菌作用产生较慢，但药物可牢固地吸附在黏膜和创面上，作用可维持一天之久。当有机物存在时活性增强。

九、重金属

重金属如汞、银、锌的化合物都能与细菌蛋白质结合，使之沉淀，从而产生抗菌作用。其抗菌作用强弱取决于重金属离子的浓度、性质及细菌种类。高浓度的重金属盐有杀菌作用；低浓度的重金属盐仅能抑制细菌酶系统的活性基团，故只有抑菌作用。重金属盐的杀菌作用力随着温度的增高而加强。一般而言，温度每升高 10 ℃，杀菌力可提高 2~3 倍。重金属盐消毒剂的代表为红汞。

红汞

【别名】 汞溴红。

【理化性质】 为绿色鳞片状结晶或颗粒，易溶于水和乙醇。

【作用与用途】 本品防腐作用较弱，刺激性小，可外用及浅表创面消毒。

【用法与用量】 2%的溶液（红药水）用于皮肤黏膜和创伤消毒。禁与碘酊同时涂用。

十、表面活性剂

这是一类能降低水、油表面张力的物质，又称除污剂或清洁剂。此类物质能吸附于细菌表面，改变菌体细胞膜的通透性，使菌体内的酶、辅酶和代谢中间产物逸出而呈杀菌作用。这类药物又分为三大类，即阳离子表面活性剂、阴离子表面活性剂和不游离的非离子表面活性剂。常用的是阴离子表面活性剂，其抗菌谱较广、显效快，对组织无刺激性，能杀死多种革兰阳性菌和革兰阴性菌，对多种真菌和病毒都有杀灭作用。阳离子表面活性剂在碱性环境中抗菌作用强，在酸性环境中抗菌作用弱，故应用时不能与酸类消毒剂及肥皂、合成洗涤剂合用。

阴离子表面活性剂仅能杀死革兰氏阳性菌。非离子表面活性剂无杀菌作用，只有去污和清洁作用。

洗必泰

【别名】 氯己定。为双氯苯双胍己烷，具有阳离子型双胍结构。

【理化性质】 为白色结晶性粉末，无臭、味苦。在乙醇中溶解，在水中微溶，在酸性溶液中解离。

【作用与用途】 本品为阳离子表面活性剂，对革兰氏阳性菌和革兰氏阴性菌及真菌都有杀灭作用。其作用迅速而持久，毒性低、无局部刺激作用。本品不易被有机物灭活，但易被硬水中阴离子沉淀物作用失去活性。洗必泰水溶液常用于黏膜、皮肤、创面、器械、用具等消毒。

【用法与用量】 0.02%溶液用于手术前浸手消毒，3分钟即可达到消毒的目的；0.05%的溶液用于冲洗创伤；0.05%乙醇溶液用于输液皮肤消毒；0.1%的溶液用于浸泡器械消毒（其中应加0.5%的亚硝酸钠），浸泡10分钟达到消毒目的；0.5%的溶液用于兔舍、无菌室、手术室、用具喷雾消毒或涂擦消毒。

【注意事项】

（1）肥皂、碱性物质及其他阴离子表面活性剂物质均可降低本品杀菌效力。

（2）禁止与甲醛、碘酊、高锰酸钾、硫酸锌、升汞配伍应用。

（3）本品溶液应储存在玻璃瓶中，储存时间为两周。两周后效果大减，应重配。

（4）本品易引起人接触性皮炎，使用时应十分谨慎。

（5）用作器械消毒时，加0.5%的亚硝酸钠，效果更好。

消毒净

【理化性质】 本品为白色结晶性粉末，无臭、味苦，微有刺激性，易受潮，溶于水和乙醇，水溶液易起泡，对热稳定，应密封保存。

【作用与用途】 抗菌谱如洗必泰，但效力较洗必泰弱而较新洁尔灭强。常用于手、皮肤、黏膜、器械、兔舍等消毒。

【用法与用量】 0.05%的溶液可用于冲洗黏膜，0.1%的溶液可用于手与皮肤的消毒，也可以浸泡消毒器械。如果是消毒金属器械，应在溶液中加入0.5%的亚硝酸钠。

【注意事项】 禁止与合成的洗涤剂或阴离子表面活性剂接触，以免失效。在水质硬度过高的地区使用时，药物浓度应适当提高。

度米酚

【别名】 消毒宁。为溴化季铵盐类。

【理化性质】 白色或微黄色片状结晶，无臭或微有一种特殊味，味苦，在水中易溶，振动水溶液会产生泡沫。

【作用与用途】 本品为阳离子表面活性剂。对革兰氏阳性菌和革兰氏阴性菌均有杀菌作用。但对革兰氏阴性菌需要较高浓度；对细菌芽孢、抗酸杆菌效果不显著；有抗真菌作用。在中性或弱碱性溶液中效果最好，在弱酸性溶液中效果显著下降。用于创面、黏膜、皮肤和器械消毒。

【用法与用量】 创面、黏膜消毒配成0.02%～0.05%的溶液；皮肤、器械消毒配成0.05%～0.1%的溶液。

【注意事项】

（1）禁止与肥皂、盐类和其他合成洗涤剂混合使用，避免使用铝制品容器。

（2）消毒金属器械时，消毒液中再加0.5%的亚硝酸钠防锈。

（3）消毒人员避免与消毒液直接接触，以免引起接触性皮炎。

第三节 合理使用消毒防腐剂

一、消毒的方法

兔舍的消毒方法与其他畜禽的消毒方法一样，可以分为三大类，即物理消毒法、化学消毒法和生物消毒法。另外，还有新消毒法。现在分述如下：

（一）物理消毒法

物理消毒法是指用物理方法杀灭或消除病原微生物及其他有害微生物的方法。其特点是作用迅速、消毒的物品上不会遗留有害物质。常用的物理消毒法有自然净化、机械除菌、热力灭菌和紫外线照射灭菌。

（二）化学消毒法

化学消毒法是用化学消毒药对兔舍的内外墙、地面、舍顶、用具、空间进行喷洒、浸洗、浸泡或熏蒸的方法进行消毒；对饮水、空气进行消毒等。化学消毒法方便，不需要复杂的设备。但是，某些消毒药品有一定的刺激性、腐蚀性。为保证消毒效果、减少消毒剂对操作者造成危害，必须要按说明书的操作规程操作。

（三）生物学消毒法

这种消毒法是将兔的粪便、垫草、垃圾等污物集中起来，堆积在远离兔舍、人生活区的地方，不管是深坑还是堆成高出地面的堆，压实后用塑料薄膜和泥土密封发酵，利用益生菌产生的生物热把堆料中的病原微生物和寄生虫卵杀死的方法。这种方法作用缓慢、处理范围有限，但费用低，多用于大规模废物或排泄物的卫生处理。常用的有微生物热消毒技术和生物氧化消毒技术。

物理消毒法、化学消毒法和生物消毒法在生产实践中常紧密结合使用，是取得消毒成功的关键。消毒的最终目标是消除或杀灭兔舍内外的病原微生物，确保兔群健康成长。

（四）新消毒法

近些年国外新出现两种消毒法，现分别介绍如下：

1. 泡沫消毒法 将消毒药液变成泡沫，用于墙壁、天花板和器具表面消毒。泡沫黏着在物体表面不易流失。由于泡沫可在物体表面停留较长的时间，加上泡沫本身的重叠，延长了消毒液与物体表面的接触时间，达到充分消毒的目的。但此法使用的消毒剂仅限于易变泡沫的表面活性剂。金属器具应选用配有防锈剂的消毒液。

2. 无水喷雾法 系将消毒剂的原液以极小的微离子形式喷雾。不用稀释，消毒效果很好，不产生污水，有很多优越性。

二、消毒的种类

根据消毒目的不同，消毒可以分为预防性消毒、临时性消毒、终末消毒三大类。

（一）预防性消毒

没有明确的传染病原被发现，对可能受到病原微生物的污染进行消毒称预防性消毒。如在夏秋气温高、湿度大的时间段，病原微生物容易滋生，定时对兔舍地面、墙壁、空间及场区环境进行定期消毒，防止病原微生物滋生，即为预防性消毒。预防性消毒往往按养兔场的卫生防疫制度规定防疫时间。程序包括清扫，器械、用具洗涮，喷洒消毒药物等。

（二）临时性消毒

当传染病发生时，对疫源地进行消毒称为临时性消毒。目的是及时杀灭或消除传染源遗留下的病原微生物和细菌毒素。临时消毒是针对疫源地进行的消毒，消毒的对象包括兔舍，排泄物的污染地，饲养用具、饮具等以及饲养管理人员的手、鞋、口罩、工作服等。

临时性消毒应在疫情处理后尽快进行，消毒方法和消毒剂的选择取决于消毒对象和传染病的种类。一般由病原菌引起的传染病的临时消毒宜选择价格低廉、作用强的消毒剂，由病毒引起的传染病的消毒，应选择碱类、氧化剂中的过氧乙酸、卤素类。隔离舍出入口处应放置浸泡消毒药液的麻袋片或草垫。

（三）终末消毒

兔群经历过一次传染病，大病痊愈后或者疫区解除封闭后，为了彻底消除传染病的病原体而进行的最后消毒称终末消毒。多数只消毒 1 次，不仅兔舍彻底消毒，而且兔舍周围环境、物品都要进行消毒。消毒的程序应先用 3% 的来苏儿溶液或 2%～3% 氢氧化钠溶液进行喷洒消毒，然后彻底清扫兔舍和环境，再在兔舍内撒一层生石灰。

三、消毒药的应用

（一）空间消毒

兔舍、仔兔培育室等空间消毒，可用紫外线照射、药物熏蒸和喷雾的方法进行消毒。空间消毒以前先用 3% 的来苏儿溶液或 2% 氢氧化钠溶液对其地面、墙壁进行消毒，然后再用上述方法消毒空间。

（二）饮水消毒

用河水、塘水作饮水的养兔场，饮水一定要坚持消毒。首先是把饮水经过过滤，或用明矾沉淀后再按每吨水加含有效氯21% 的漂白粉 2～4 克消毒后，方可以饮用。未经过过滤或沉淀的水，应加入 6～10 克漂白粉，并消毒 10 分钟后才能饮用。也可以用氯胺消毒，按每升水加入氯胺 2～4 毫克，0.1% 高锰酸钾5～6 滴或每升水加入 2% 的碘酊 5～6 滴。还可以用抗毒威、百毒杀等。

（三）兔场、兔舍出入口处的消毒

兔场门前若没有较大的消毒池，兔舍门口要设小型的消毒池，消毒池内盛放2%的氢氧化钠溶液，10%的石灰乳或5%的来苏儿溶液，或3%的雅好生溶液。消毒池的长度在大门口不小于轮胎的周长，宽与门宽一样，池内消毒液应经常更换，时间再长也不能超过1周。兔舍门前的消毒池可视兔舍门宽适当设计，消毒池内经常保持有生石灰，饲养人员进入兔舍时将脚踏在其上，让双脚鞋底沾满石灰，达到消毒目的就可以了。

（四）饲养设备的消毒

饲养设备包括：食盒、水钵消毒用0.2%的高锰酸钾浸泡，浸泡时间3~4小时即可；自动饮水器消毒，即每隔10~15天给兔群饮3天0.1%高锰酸钾溶液，对兔群消化道疾病也有预防作用。

对养兔用具消毒，可以将其浸泡在0.5%过氧乙酸溶液或1%的氢氧化钠溶液中，浸泡时间为30~60分钟。

（五）粪便消毒

常用生物消毒法。即将兔粪、垫草、垃圾等堆积起来，必要时加些益生菌，盖上草帘子保温进行发酵，让有益菌分解纤维素时产生的生物热来杀死粪便中的病原微生物和虫卵。另外，也可以用漂白粉、生石灰、草木灰等进行消毒。

第三章

兔用生物制剂

第一节 概 述

　　家兔的商品生产在国内的历史较短，始于20世纪50年代兔毛出口时，但家兔免疫防病直到20世纪90年代初期才有。1984年2月在我国江苏省无锡、江阴等地暴发兔病毒性出血症（兔瘟），随后蔓延到全国各地。因当时没有疫苗进行免疫注射，对养兔生产威胁很大。本病是一种急性、烈性传染病，主要威胁青年兔、成年兔，死亡率达95%以上，很多生产者都知道兔瘟的厉害，以致很多养过兔的人都不敢再养兔。此后的几年里中国的科学技术工作者利用患病毒性出血症的兔肾、肝等脏器用生理盐水研制成乳状悬浮液，经稀释、培养再进行灭活给健康兔群注射，对健康兔群能起到保护作用。这样兔病毒性出血症才得到有效的控制，我国才有了自己研制的兔瘟疫苗。

　　当时家兔商品疫苗生产量很小，国家正规生物制品厂都没有生产，全靠农业科研院所涉及养兔业的专业人员研制生产的兔病毒性出血症灭活疫苗稳定了养兔生产。以后又研发了兔常见病巴氏杆菌病、兔A型魏氏梭菌下痢病、大肠杆菌病、支气管败血波氏杆菌病、葡萄球菌病的疫苗，目前基本上能满足兔业生产的需要。

目前，随着养兔生产量的增大，疫苗需求量随之增加，单靠实验室那种简单的生产方法早已远远满足不了养兔业生产的需要，所以农业部把兔疫苗生产权收回并安排在生产条件好、工艺规范的生产厂家手里，没有经过农业部验收和发给批准文号的生产单位，一律不准生产。

但是，仍有极少数利欲熏心的人来用简易的方法生产兔的疫苗，或者因浓度不够，或者因灭活不严，用户用后不能防病，反而造成大批兔死亡，使养兔生产者损失惨重。这样的例子经常发生，这里忠告养兔生产者，不要购买、使用没有批准文号的疫苗，以免造成经济损失。

一、疫苗的分类

一般是用病毒灭活生产的疫苗称疫苗，用病菌灭活生产的疫苗称菌苗。习惯上统称为疫苗。按疫（菌）苗生产方法又可以分为灭活疫（菌）苗和弱毒疫（菌）苗。

（一）灭活疫（菌）苗

灭活疫（菌）苗是指将病原体用化学的方法处死，如用一定浓度的甲醛、酚或β丙酯等物质灭活病原体，以此做材料制成疫（菌）苗。这种苗的抗原失去了致病能力，但是仍保持免疫原的特性。这种疫（菌）苗有两个特点：一是已经失去了病原致病能力，不引起兔群致病；二是稳定性好，不会因处理不当失效，易保管。

（二）弱毒苗

弱毒苗是指经过人工处理致弱的病原体而形成的弱毒株，或自然形成的无毒株。这样的病原体保存了充分的感染力但没有强毒株那样致病作用。以这样的病原体做抗原制成的疫（菌）苗为弱毒苗。这种疫（菌）苗往往是冻干的，用冰箱保存。这种疫（菌）苗使用时一定要注意防散落，在处理废疫苗和疫苗瓶时应深埋或火烧。

目前兔用的疫（菌）苗全部是灭活苗，尚无弱毒苗，使用和保存比较简单。

二、疫苗的保存

兔用疫苗目前有兔病毒性出血症疫苗，它是用兔脏器经培养、灭活制成的，其余的均为菌苗，如巴氏杆菌菌苗、支气管败血波氏杆菌菌苗、A型魏氏梭状杆菌菌苗等。这些疫（菌）苗均在4~8℃的温度下保存，保存期为6个月。山东省滨州沈氏疫（菌）苗、山东省滨州华宏疫苗厂生产的疫（菌）苗均为蜂胶疫苗，在4~8℃的储存箱中可保存8个月，在常温下也能保存6个月，便于存放。

第二节　兔常用疫（菌）苗

接种疫（菌）苗是预防和控制传染病的一种不可替代的重要措施，只有正确使用才能使兔群产生足够的免疫力，从而达到抗御外来病原袭击的目的。兔常用的疫（菌）苗有以下几种。

一、兔病毒性出血症疫苗

本品是以患典型兔病毒性出血症而死亡的兔的肝、肾等组织感染健康兔，收获被感染死亡的兔的肝、肾组织，制成乳剂，再经过培养扩大病毒的量，然后将其杀死，加适量稳定剂即成。

【理化性质】　本品为淡灰色悬浮液，长时间放置后形成沉淀，用时将沉淀摇匀，即可注射使用。

【作用与用途】　用于预防兔病毒性出血症，对其他细菌性传染病没有预防作用。当兔病毒性出血症发生和流行之际，用本品加倍量注射。因它能刺激兔体产生干扰素，阻止兔病毒复制增生，所以能对该病起到预防作用，控制病情发展。

【用法与用量】　本品对幼兔的初次免疫应在 40～45 日龄，皮下注射 2 毫升；60 日龄前后再加强注射 1 次，用量 2 毫升；以后每隔 6 个月注射 1 次，能提就不要延后。成年兔每年免疫注射 2 次，应安排在春秋温度适宜时进行。疫苗注射后 5 天左右产生免疫力，皮下注射。

【注意事项】

（1）兔瘟疫苗幼兔初次免疫必须在 40 日龄以后，35 日龄以前注射幼兔对其无应答，起不到免疫作用。

（2）对发病兔群紧急防治注射时必须是兔瘟单苗，不能用联苗。成年兔注射量在 4～5 毫升，少了达不到紧急防治的效果。

（3）必须购买有批号厂家的疫苗，私人生产的无证疫苗因灭活不严或浓度不够，容易出问题，给养兔者造成损失。

二、兔巴氏杆菌灭活菌苗

本品是由多杀性巴氏杆菌经过培养、杀灭和加稳定剂而制成的。

【理化性质】　本品不同生产厂生产的菌苗颜色有所不同。山东省滨州沈氏蜂胶菌苗和华宏蜂胶菌苗在有效期内，冰箱 4～8 ℃时保存的苗为黄色；冰箱保存时间较长，或在自然温度下保存时间较长，或即将到期失效的疫苗为咖啡色。非蜂胶疫苗为灰色。不管是蜂胶苗还是非蜂胶苗均为悬浮液，放置时间久了都会形成沉淀，用时摇均匀再用。

【作用与用途】　用于预防多杀性巴氏杆菌引起的兔病。

【用法与用量】　仔兔断奶后皮下注射 1 次，2 毫升/次，7 天后产生免疫力；成年兔 1 年注射 3 次，每 4 个月注射 1 次，每次 2 毫升。

【注意事项】

（1）蜂胶疫苗可以在常温下保存，保存期为 6 个月；蜂胶疫苗在冰箱中 4~8 ℃的温度下保存，保存期可达 8~10 个月。非蜂胶疫苗必须在冰箱中保存，保存温度为 4~8 ℃，保存期为 6 个月。

（2）巴氏杆菌灭活菌苗对兔群的保护率达 70% 左右，不能达到 100%，对兔群还要加强其他方面的保护，不能注射疫苗后就认为能 100% 预防。

三、兔波氏杆菌灭活菌苗

波氏杆菌即支气管败血波氏杆菌，以它的菌体做抗原制成的波氏杆菌灭活菌苗可以预防波氏杆菌感染性疾病。

【理化性质】 该产品目前只有蜂胶菌苗，保质期内的菌苗为乳黄色悬浮液，保质期过后颜色变为咖啡色。

【作用与用途】 预防支气管败血波氏杆菌病。

【用法与用量】 仔兔断奶前 1 周左右注射，以后每隔 6 个月皮下注射 2 毫升，7 天后产生免疫力，每只每年注射 2 次。母兔配种前注射。

【注意事项】 参照巴氏杆菌菌苗有关事项。

四、家兔 A 型魏氏梭菌病（兔魏氏梭菌）菌苗

【理化性质】 本品在社会上销售的品种有蜂胶灭活菌苗和氢氧化铝灭活菌苗。前者为乳黄色悬浮液，后者为深褐色悬浮液。

【作用与用途】 用于预防魏氏梭菌（A 型）性肠炎。

【用法与用量】 仔兔断奶后，即时皮下注射 2 毫升菌苗，7 天后产生免疫力，母兔每年注射 2 次。

【注意事项】 蜂胶灭活菌苗常温下保存 6 个月，冰箱中 4~8 ℃保存 8~10 个月；氢氧化铝灭活菌苗在冰箱中 4~8 ℃的条件保存 6 个月。

五、兔大肠杆菌病多价灭活菌苗

本品为多种血清型致病性埃希大肠杆菌经培养、灭活等处理作抗原而产生的用于预防各种血清型大肠杆菌引发的兔肠炎的产品。

【理化性质】 本品市售的菌苗多为蜂胶苗，外观为乳黄色悬浮液，存放时间久了或超过有效期时颜色变为咖啡色。

【作用与用途】 用于预防大肠杆菌感染引起的肠炎。

【用法与用量】 仔兔 20 日龄首次注射大肠杆菌多价灭活菌苗，皮下注射 1 毫升，待断奶后再注射 1 次，皮下注射 2 毫升，7 天后产生免疫力。如果作种兔用，以后每年注射 2 次。

【注意事项】 本菌苗保存如蜂胶疫苗。

六、葡萄球菌灭活菌苗

本品为葡萄球菌经培养增殖、灭活而制成的产品，用以预防葡萄球菌引起的家兔多种疾病。

【理化性质】 目前市场上出售正规产品均为蜂胶葡萄球菌菌苗，乳黄色悬浮液。保存不好或过有效期后逐渐变为咖啡色，颜色由浅变深。

【作用与用途】 用于预防家兔因葡萄球菌感染引起的多种疾病。如母兔乳房炎、家兔皮下脓肿、脚皮炎、仔兔黄尿病等。

【用法与用量】 每只兔皮下注射 2 毫升，7 天产生免疫力。青年母兔初配前 7 天注射 1 次，以后每 4 天注射 1 次，可以预防母兔乳房炎和仔兔黄尿病。

【注意事项】 本品保存如蜂胶疫苗有关事项。

七、瘟–巴二联苗

瘟–巴二联苗即由兔瘟病毒灭活苗、巴氏杆菌灭活苗混合而制成的二联疫（菌）苗，一次性注射，可以预防兔瘟和巴氏杆菌两种传染病。

【理化性质】　目前市售的瘟巴二联苗也有两种，一种是蜂胶疫苗，为乳黄色悬浮液；另一种是非蜂胶疫苗，为灰褐色悬浮液。

【作用与用途】　用来预防家兔病毒性出血症和巴氏杆菌病。

【用法与用量】　青年兔、成年兔皮下注射 2 毫升，7 天后产生免疫力，每只兔每年免疫注射 2 次。一般安排在春秋两季气候条件好的时候进行。

【注意事项】　与兔瘟疫苗保存条件相同。

八、兔瘟－巴氏－魏氏三联苗

本品是由兔瘟病毒灭活苗、兔巴氏杆菌灭活苗、兔魏氏梭菌（A 型）灭活苗三种苗混合制成的。注射 1 次本品可以预防兔瘟、兔巴氏杆菌、兔魏氏梭菌三种感染所致的疾病。

【理化性质】　本品目前市售的也有蜂胶疫苗和非蜂胶疫苗两大类，蜂胶疫苗为乳黄色悬浮液；非蜂胶疫苗为灰褐色悬浮液。

【作用与用途】　用以预防兔瘟病、兔巴氏杆菌病、兔魏氏梭菌病。发生兔瘟病的兔群强化免疫用这种疫苗效果不好，不如用兔瘟单苗。

【用法与用量】　青年兔和成年兔皮下注射，每只 2 毫升，7 天后产生免疫力。每只兔每年注射 2 次，一般安排在春秋季节气候适宜的时期注射。本品适合成年兔免疫使用，不宜做初次免疫使用。

九、波－大二联苗

波－大二联苗即由支气管败血波氏杆菌灭活苗与大肠杆菌灭

活苗以科学的方法混合而制成的，因这两种疫苗均在仔兔满月前7~10天注射，所以制成三联苗1次注射可以预防两种疾病。

【理化性质】 本品上市的正规菌苗为蜂胶菌苗，为乳黄色悬浮液，变为咖啡色时效价降低或失效，不宜再用。

【作用与用途】 用于预防支气管败血波氏杆菌病和大肠杆菌引起的肠炎。

【用法与用量】 仔兔21日龄前后皮下注射，每只1毫升。成年兔每年注射2次，每隔6个月1次，每次2毫升。

【注意事项】 如大肠杆菌。

第四章

抗微生物药物

第一节　抗微生物药物及正确选用

抗微生物药物是能够抑制或杀灭病原菌、真菌、病毒、霉形体、支原体、螺旋体等的药物，包括抗病菌药物、抗真菌药、抗病毒药、抗菌中药材等。它们在控制家兔的疾病、促进安全生产、提高养兔经济效益方面具有重要的作用。在当今畜牧业生产相当发达的今天，这方面的药物很多，它是保证养兔生产发展的坚强后盾。但也因为药物种类多，养兔生产者药理知识缺乏，经常出现不合理用药和不对症用药的现象，结果轻者出现治疗效果不佳，重者兔群出现中毒现象，造成死亡。因此，科学合理地使用抗生素药物，增加用药知识和提高治疗兔病的水平，是广大养兔生产者必须具备的能力。

一、抗生素药物的使用原则

（一）对症投药

抗生素的种类很多，目前不少于 100 种，但是抗生素不一定对所有病原菌都敏感，杀灭能力都佳，经过药物研究人员的实验，它们对有些菌类杀菌效果很好，有些杀菌效果次之，有些杀菌效果不佳。如大肠杆菌引起的肠道炎症病变，用硫酸新霉素和黏杆菌素疗效较好，而用其他抗生素疗效就差一些，而巴氏杆菌和波氏杆菌合并感染的呼吸道疾病，用氟苯尼考和阿奇霉素效果较好，而用四环素类的抗生素效果就较差。所以，必须学好这些用药知识，逐渐熟练，才能选好、用好抗生素，做到对症投药，这样既能节约用药又能收到良好的效果。

（二）控制用药剂量、疗程，注意不良反应

用药量大小与控制感染有密切的关系。用药量过小，不仅无效反而可能促成耐药菌株的产生；剂量过大，不但不能增加疗效，反而造成浪费，可能还会引起患兔出现严重的不良反应，甚至对肝、肾等器官造成损伤。所以，抗生素用药量必须使血液达到有效血药浓度。血液中药物的有效浓度又是依致病菌对药物的敏感性为依据的。某种病原体对某一种药物敏感，这种药物用量就小，血液中有效血药浓度就小。如球虫对地克珠利敏感性强，预防球虫病时，在饲料中添加，每千克饲料只加 1 毫克就能有良好的效果，而其他抗球虫药则需要几十毫克。另外，也要根据兔群的感染程度，感染严重、病情严重的，用药量要大一些，一般是超过正常剂量的 20% ~ 30%。

疗程则需要根据感染程度而定，一般持续用药到体温正常或症状消退后 2 天，即 4 ~ 5 天。对急性感染，临床治疗效果不佳，应在 5 天内调整治疗方案，或对原来用的药加大剂量，或换用其他药物。

用药期间一定要观察药物的不良反应，一经发现马上停药或换用其他的药物，或采取其他解救措施。

二、联合应用抗生素药物

多数的兔感染疾病只需要用 1 种抗菌药物，在以下情况时一种抗菌药物难以控制病情，可以用两种抗菌药物联合治疗，才能

收到好的疗效：①严重感染或数种病菌混合感染；②较长期用药，病菌产生了耐药性时；③毒性大的药物联合用药可减少有毒药物使用量，使药物毒性降低；④病因不明的严重感染或败血症。

抗生素药物有几大类，如β-内酰胺类、氨基糖苷类、四环素类、氯霉素类、大环内酯类、多肽类及磺胺类。有些联合用药能起到协同作用，有些联合用药不能起到协同作用或累加作用。例如，青霉素类和头孢菌素类分别与氨基糖苷类、多肽类联合用药，可以起到协同的作用，因为青霉素类、头孢菌素类为繁殖期杀菌剂，而氨基糖苷类、多肽类是静止期杀菌剂或慢性杀菌剂，这两类抗菌药物分别联合用药，青霉素类、头孢类药先把病原体细胞膜完整性破坏后，氨基糖苷类或多肽类的药物很容易进入其细胞内发挥其作用。第三类如四环素类、氯霉素类、大环内酯类为快速抑菌剂，与第一类青霉素类、头孢类分别联合用药效果就不是那么好了，因为第三类药会迅速阻断细菌蛋白质的合成，使细菌处于静止状态，可导致第一类抗生素药物活性减弱。第三类即四环素类、氯霉素类、大环内酯类药物分别与第二大类即氨基糖苷类、多肽类联合用药以获得累加或协同作用。第三大类药物分别与第四大类药物（磺胺类）分别联合用药，可以获得累加作用。

第二节　抗生素

抗生素曾被称为抗菌素，是某些微生物在其生命活动中代谢产物经分离生产的一类物质，能以很低的浓度选择性地抑制或杀死其他种类的微生物，已成为当前畜牧业生产中不可缺少的药物。目前的生产方式有微生物发酵法、全化学合成法、半化学合成法进行生产。

一、根据作用特点分类

1. 主要抗革兰氏阳性菌的抗生素　如青霉素类、红霉素、林可霉素。

2. 主要抗革兰氏阴性菌的抗生素　如链霉素、卡那霉素、庆大霉素、新霉素、多黏菌素等。

3. 广谱抗生素　如四环素类、氯霉素类等。

4. 抗真菌类抗生素　如制霉菌素、灰黄霉素、两性霉素等。

5. 抗寄生虫的抗生素　如伊维菌素、潮霉素 B、越霉素 A、盐霉素等。

6. 抗肿瘤的抗生素　如放线菌素 D、柔红霉素等。

7. 饲用抗生素　做饲料药物添加剂，有促进动物生长、提高生产性能的作用。有杆菌肽锌、维吉尼亚霉素、莫能霉素、黄霉素等。

二、根据化学结构分类

1. β-内酯类　包括青霉素、头孢霉素等。

2. 氨基糖苷类　包括链霉素、庆大霉素、卡那霉素、新霉素、安普霉素等。

3. 四环素类　包括土霉素、金霉素、多西环素等。

4. 氯霉素类　包括氯霉素、甲砜霉素、氟苯尼考等。

5. 大环内酯类　包括红霉素、吉他霉素、泰乐菌素等。

6. 林可胺类　包括林可霉素、克林霉素等。

7. 多肽类　包括杆菌肽、黏杆菌素等。

8. 多烯类　包括两性霉素 B、制霉菌素等。

9. 聚醚类　包括莫能霉素、盐霉素、拉沙菌素等。

抗生素的计量单位：根据性质可用重量单位或效价单位（u）来计量。多数抗生素是以有效成分的重量做计量单位，目前多以毫克计量。少量的抗生素仍用效价单位（u）来计量。

三、青霉素类抗生素

青霉素类抗生素属化学结构中含内酰胺环的 β–内酰胺类抗生素。是由生物发酵液中提取或半合成法制得的。按其特性分五类：①主要抗革兰氏阳性菌的窄谱青霉素，如青霉素 G（注射用）、青霉素 V（口服）等；②耐青霉素酶的青霉素，如苯唑西林、氯唑西林、甲氧西林等；③广谱青霉素，有氨苄西林、阿莫西林；④对绿脓林杆菌等假单胞菌有活性的广谱青霉素，如羧苄西林、替卡西林等；⑤用于革兰氏阴性菌的青霉素，如美西林、匹美西林。

青霉素 G

【别名】　青霉素、苄青霉素。

【理化性质】　白色结晶粉末；无臭或微特异性臭；有引湿性；遇酸、碱或氧化剂等迅速失效，其水溶液在室温下放置容易失效。

【作用与用途】　本品抗菌谱窄，抗菌作用很强，对多数革兰氏阳性菌、部分革兰氏阴性球菌、各种螺旋体和放线菌都有强大的杀灭作用。

临床上主要用于对青霉素敏感的病原菌所引起的各种感染，如坏死性杆菌病、破伤风恶性水肿、呼吸道感染、乳腺炎、子宫炎、葡萄球菌病等。

【用法与用量】　青霉素 G 钠（或钾）肌内注射：兔按每千克体重 2 万～2.5 万单位，1 天 2 次。但是，由于长期滥用抗生素造成了病原菌的抗药性，加上有些兽药制剂品质不好，基层经验用药量成年兔 1 次注射量达 80 万单位，效果才比较明显，量太小效果不好，该剂量可以做治疗的参考。

【制剂】　注射用青霉素 G 钠（或钾）粉针剂：每支（或

瓶）80 万单位、100 万单位、160 万单位，有效期 2 年或安瓿装有效期 4 年。临用时用注射用水或灭菌生理盐水溶解肌内注射。

注射用普鲁卡因青霉素：为普鲁卡因青霉素与青霉素 G 钾（钠）加适量悬浮剂、缓冲剂灭菌粉末。每瓶 40 万单位含普鲁卡因青霉素 30 万单位、青霉素 G 钾（钠）10 万单位；每瓶 80 万单位的加倍，有效期 2 年。临用时用注射用水适量制成混悬液，供肌内注射。母兔发生乳房炎时可以在病灶周围分 4～5 个点打封闭。

【注意事项】

（1）青霉素在干燥条件下稳定，遇潮湿加速分解，在水溶液中极不稳定，放置时间愈长分解愈多，不仅药效低，且致敏物质增加。现配现用，以保证药效和减少不良反应。

（2）青霉素在近中性溶液中稳定，酸或碱性溶液均能使其加速分解。应用时最好使用注射用水或生理盐水溶解。遇到盐酸二氧丙嗪、重金属盐即分解或沉淀失效。

（3）青霉素与四环素类、氯霉素类、大环内酯类、磺胺药物合用产生拮抗作用，不能联合用药。

氨苄青霉素

【别名】 氨苄西林、安比西林。

【理化性质】 白色结晶性粉末，微溶于水，其游离酸含 3 分子的结晶水（口服用），其钠盐（注射用）易溶于水。

【作用与用途】 本品为广谱抗生素，对革兰氏阳性菌的作用与青霉素相近或略差；对多数革兰氏阴性菌，如大肠杆菌、沙门杆菌、变形杆菌、巴氏杆菌等的作用，与氯霉素相似或略强，不及庆大霉素、卡那霉素和多黏菌素；对氯霉素耐药菌仍有较强的作用，但对绿脓杆菌、耐药黄金色葡萄菌无效。

本产品耐酸不耐酶，内服或肌内注射均易吸收。主要用于敏感菌引起的败血症、呼吸道疾病、消化道疾病、泌尿生殖道感染，如兔传染性鼻炎、气管炎、肺炎、肠炎等。本品与庆大霉素等氨基糖苷类合用疗效增强。

【用法与用量】 内服按每千克体重 5～20 毫克，每天 1～2 次；静脉或皮下注射每千克体重 2～7 毫克，每天 1～2 次。

【注意事项】 本产品在水溶液中很不稳定，注射用药现用现配，并尽快用完；溶剂应用中性水或溶液。

羟氨苄青霉素

【别名】 阿莫西林。

【理化性质】 近白色结晶粉，溶于水，对酸稳定，在碱性溶液中易被破坏。

【作用与用途】 抗菌谱与氨苄西林相似，作用快而强。内服吸收良好，优于氨苄西林。用于敏感菌所引起的呼吸道、消化道、泌尿生殖道及软组织感染，对肺部病菌感染有较好的疗效，亦可用于治疗乳房炎、子宫内膜炎。现用于治疗大肠杆菌病、仔兔肠炎等。

【用法与用量】 内服一次量 5～10 毫克/千克体重，2～3 次/天；静脉或肌内注射 5～10 毫克/千克体重，2～3 次／天。

【制剂】 可溶性粉为 5%，每袋 50 克，内含纯粉 2.5 克；片剂或胶囊每片（或粒）0.25 克；注射用复方羟苄青霉素为羟氨苄青霉素与青霉素酶抑制剂——棒酸的复合制剂。

【注意事项】 复方羟氨苄青霉素（阿莫西林）不能与葡萄糖、氨基糖苷类抗生素混合，本品与氨苄青霉素有完全的交叉耐药性。

四、头孢菌素类（先锋霉素）

头孢菌素类是以头孢菌的培养液提取的头孢菌素 C 为原料，

经催化水解得到 7 - 氨基头孢烷酸，通过侧链改造而得半合成抗生素。其作用机制、临床应用和青霉素相似。头孢菌素类具有抗菌谱广，对酸和 β - 内酰胺酶比青霉素稳定、毒性小等优点。常用的有 30 种。根据抗菌谱，对 β - 内酰胺酶的稳定性，以及对革兰氏阴性杆菌抗菌活性的差异可分为四代。第一代头孢菌素为广谱青霉素，虽然对青霉素稳定，但仍可被多数革兰氏阴性菌产生的 β - 内酰胺酶所分解，因此主要用于革兰氏阳性菌（链球菌、产酶葡萄球菌等）和大肠杆菌、嗜血杆菌、沙门杆菌等革兰氏阴性菌的感染。这一代头孢菌素包括注射用的头孢噻吩、头孢噻啶、头孢唑啉、头孢匹林及内服的头孢氨苄、头孢拉定、头孢羟氨苄。

第二代头孢菌素对革兰氏阳性菌的抗菌活性与第一代相近，但抗菌谱广，能耐大多数 β - 内酰胺酶，对革兰氏阴性菌的抗菌活性增强。主要有头孢孟多、头孢替安、头孢呋辛、头孢克洛。

第三代头孢菌素抗金黄色葡萄球菌等阳性菌的活性不如第一、二代，但耐 β - 内酰胺酶的性能强，对革兰氏阴性菌的作用优于第二代，可有效地抑杀一些第一代、第二代耐药的革兰氏阴性菌菌株。包括头孢噻肟、头孢曲松等。

20 世纪 90 年代又产生了第四代新头孢菌素，包括头孢匹罗、头孢吡肟注射用产品，抗菌特点是抗菌谱广，对 β - 内酰胺酶稳定，对金黄色葡萄球菌等革兰氏阳性菌抗菌活性增强。

头孢氨苄
【别名】 先锋霉素 IV。

【理化性质】 白色或乳黄色晶粉，微溶于水。

【作用与用途】 本品为口服头孢菌素，对金黄色葡萄球菌、溶血性链球菌、肺炎球菌、大肠杆菌、变性杆菌、肺炎杆菌等均有抗菌作用。

本品内服吸收良好，用于上述的敏感菌所引起的呼吸道疾病、消化道疾病、泌尿生殖道疾病等疗效均佳。

【用法与用量】　内服，每千克体重 15～25 毫克。

头孢羟氨苄

【理化性质】　白色或近白色结晶状细粉，微溶于水，水溶液在弱酸性条件下稳定。

【作用与用途】　为口服头孢菌素，抗菌谱与头孢氨苄相似，内服吸收良好，主要用于敏感菌引起的呼吸道、泌尿道、皮肤与软组织感染。

【用法与用量】　内服，每千克体重 10～20 毫克，每天 2 次，连用 3～5 天。

头孢唑啉

【别名】　先锋霉素 V。

【理化性质】　常用其钠盐，为黄白色结晶粉，易溶于水，但水溶液不稳定。

【作用与用途】　抗菌谱与头孢氨苄相似，但对链球菌、大肠杆菌、肺炎杆菌、痢疾杆菌等作用较强。临床上用于敏感菌引起的败血症、呼吸道疾病、消化道疾病、泌尿生殖道疾病、皮肤软组织感染。

【用法与用量】　静脉注射、肌内注射、皮下注射，每千克体重 15～25 毫克，每天 3 次，连用 3 天。

头孢拉定

【别名】　头孢菌素Ⅵ、头孢雷定、先锋霉素Ⅵ。

【理化性质】　白色或近白色晶粉、微臭，略溶于水，在碱性溶液易溶。

【作用与用途】 本品口服和注射均能给药，口服吸收完全，体内分布广。抗菌谱与头孢氨苄相似，对金黄色葡萄球菌、溶血性链球菌、肺炎球菌、大肠杆菌、克雷伯菌、变型杆菌、痢疾杆菌、沙门杆菌等均有较强的杀菌作用。

主要用于以上介绍的敏感菌引起的呼吸道、泌尿生殖道、消化道、皮肤、软组织等疾病。

【用法与用量】 内服，剂量为每千克体重 100 毫克，每天 2 次。肌内注射，每千克体重 25~40 毫克，每天 2 次。

【制剂】 本品的剂型有三种：胶囊，每粒 0.25 克、0.5 克；干混剂，每瓶 0.125 克、0.25 克；粉针剂，每瓶 0.5 克、1 克。

头孢噻呋

本产品为半合成的第三代动物专用头孢菌素。制成的盐和盐酸盐供注射用。

【理化性质】 肌内或皮下注射都吸收迅速，血中或组织中药物浓度高，有效血药浓度维持时间长，消除也比较缓慢，半衰期长。肌内注射 15 分钟内迅速被吸收，在血浆中生成一级代谢产物脱呋喃甲酰头孢噻呋。由于 β-内酰胺环受到破坏，其抗菌活性与头孢噻呋基本相同。

【作用与用途】 具有广谱杀菌作用，对革兰氏阳性菌、革兰氏阴性菌，包括产 β-内酰胺酶菌株均有效。敏感菌有巴氏杆菌、放线杆菌、嗜血杆菌、沙门杆菌、链球菌、葡萄球菌。抗菌活性比氨苄西林强，对链球菌的活性也比喹诺酮类抗生素强。

本品用于胸膜肺炎放线菌、多杀性巴氏杆菌、猪霍乱沙门氏杆菌与猪链球菌引起的呼吸道疾病。

【用法与用量】 肌内注射，每千克 3~5 毫克，每天 1 次，连续注射 3~4 天。

头孢三嗪

【别名】　菌必治、头孢曲松。

【理化性质】　本品为黄色结晶性粉末，易溶于水，水溶液在室温下可保持药效 6 小时。

【作用与用途】　本品为广谱、长效头孢菌素，对大多数革兰氏阳性菌和革兰氏阴性菌都有强大的杀菌作用。对绿脓杆菌也有中等强度的杀菌作用。

适用于呼吸道、泌尿生殖道感染，也用于脓毒症、创伤、败血症、皮下软组织感染。

【用法与用量】　注射用，每支药 0.5 克、1 克。肌内注射每千克体重 5 ~ 15 毫克，每天 1 次，连用 3 ~ 4 天。

【注意事项】　本品与氨基糖苷类抗生素，如庆大霉素、卡那霉素、新霉素、盐霉素等合用有增效作用，但两种药必须分开注射。

头孢噻肟

【别名】　头孢氨噻肟。

【理化性质】　本品钠盐为白色结晶状粉末，易溶于水，水溶液在 5 ℃可保存 1 周。

【作用与用途】　对革兰氏阳性菌和革兰氏阴性菌均有抗菌作用。对革兰阳性菌的作用与第一代头孢菌素相近或较弱，对革兰氏阴性菌如大肠杆菌、沙门杆菌、肺炎杆菌等作用强大，尤其是对大肠杆菌科细菌作用极强，用于敏感菌引起的呼吸道、消化道、泌尿生殖道、皮肤和软组织、败血症等感染疾病。

【用法与用量】　肌内注射，每千克体重 2 ~ 3 毫克，每天 1 次，连用 3 ~ 4 天；混饮，每升水 500 ~ 1 000 毫克，连饮 3 ~ 4 天。混饲每千克饲料 1 000 ~ 1 500 毫克。

硫酸头孢喹肟

【理化性质】 为类白色至浅褐色混悬液，久放分层。

【作用与用途】 本品抑制细胞壁形成而达到杀菌效果，具有广谱抗菌活性，对青霉素酶与 β‑内酰胺酶稳定。能抑制常见的革兰氏阳性菌和革兰氏阴性菌。包括大肠杆菌、巴氏杆菌、沙门杆菌、金黄色葡萄球菌、链球菌、放线杆菌等。多用于多杀性巴氏杆菌和胸膜肺炎放线菌引起的呼吸道疾病。

【用法与用量】 肌内注射，每千克体重 2~3 毫克，每天 1 次，连续注射 3~4 天。

【注意事项】

（1）应用前要将注射液摇均匀。

（2）第一次吸取药液后，剩余部分应在 4 周内使用完。

五、氨基糖苷类

氨基糖苷类是一类由氨基环醇和氨基糖以苷键相连接而形成的碱性抗生素。这类抗生素包括链霉素、新霉素、卡那霉素、妥布霉素，小诺米星、庆大霉素、阿米卡星等，它们的共同特点有以下几个方面：

（1）为碱性抗生素，其硫酸盐易溶于水，性质较青霉素 G 稳定。

（2）作用机制相似，主要是作用于细菌的核糖体，抑制蛋白质的正常合成，使细菌细胞膜通透性增强，导致细胞内钾离子、腺嘌呤、核苷酸等重要物质外漏，引起死亡。这一类抗生素对静止期细菌杀灭作用强，属静止期杀菌药。

（3）主要是对革兰氏阴性菌，如大肠杆菌、沙门杆菌、克雷白杆菌、肠杆菌属、变形杆菌属等作用强。

（4）内服不易吸收，主要用于肠道感染，治疗全身感染时，除新霉素外，均应注射给药。

（5）主要对耳、肾脏有毒副作用，对骨骼肌神经肌肉接头处传导也有不同程度的阻滞作用。

（6）病原菌对本品容易产生抗药性，本药的药与药之间可部分或完全产生交叉耐药性。

（7）本类药物与头孢类药物合用，肾毒性增强；与碱性药物合用抗菌效果增强，但毒性也增加，要慎用。

卡那霉素

它是由链霉菌培养产生的代谢产物，经提取获得，临床上用的硫酸卡那霉素由单硫酸卡那霉素或卡那霉素加一定量的硫酸制成的。

【理化性质】　其硫酸盐为白色或类白色结晶粉，易溶于水，水溶液稳定，在 100 ℃稳定处理 30 分钟，灭菌效果不减。本品的重量和效价之间的换算为 1 克＝100 万单位。

【作用与用途】　对革兰氏阴性菌，如大肠杆菌、沙门杆菌、肺炎杆菌、变形杆菌、巴氏杆菌等都有强大的杀菌力；对金黄色葡萄球菌、结核杆菌、霉形体也有效。对绿脓杆菌、厌氧菌、除金黄色葡萄球菌以外的其他革兰氏阳性菌无效。

兽医临床上主要用于治疗革兰氏阴性菌和部分耐药金黄色葡萄球菌所引起的呼吸道、泌尿生殖道感染、败血症、乳腺炎等；内服用于治疗肠道感染，如对沙门杆菌、大肠杆菌引起的肠炎等有一定的效果。

【用法与用量】　内服每千克体重 3 ~ 6 毫克，每天 3 次，连用 3 ~ 4 天；肌内注射，每千克体重 10 ~ 15 毫克，每天 2 次，连续注射 3 天。

【注意事项】　本品的毒性与血清中药物的浓度呈正相关。即血药浓度很快升高时，有呼吸抑制的作用，所以本品不宜大剂量静脉注射，只能肌内注射，预防血药浓度很快升高造成毒性反应。再者本品也不宜与其他抗生素配伍使用。

阿米卡星

【别名】 丁胺卡那霉素，为卡那霉素半合成衍生物。常用其硫酸盐。

【理化性质】 其硫酸盐为白色或类白色结晶粉，易溶于水，1%的水溶液 pH 值为 6.0~7.5。性质稳定，在室温条件下有效期至少 2 年，溶液在 120℃中 80 分钟对效价无明显损失。

【作用与用途】 抗菌谱与庆大霉素相似，主要用于治疗对庆大霉素或卡那霉素耐药的革兰阴性菌，特别是对绿脓杆菌等所引起的泌尿系统、下呼吸道，消化道、生殖系统等部位的感染。

【用法与用量】 肌内注射用法与用量和卡那霉素相同。其剂型，粉针剂 0.2 克／瓶，注射液的规格为：0.1 克／（1 毫升·支），0.2 克／（2 毫升·支）。

庆大霉素

【别名】 艮他霉素，由放线菌属小单孢菌所产生，常用其硫酸盐。

【理化性质】 其硫酸盐为白色、类白色结晶形粉末，易溶于水，对温度、酸度的变化较为稳定。制品 1 毫克相当于 1 000 单位。

【作用与用途】 本品是这一类抗生素中抗菌谱较广、抗菌活性较强的药物之一，对革兰氏阴性菌中的绿脓杆菌、变形杆菌、大肠杆菌、沙门杆菌、巴氏杆菌、痢疾杆菌、肺炎杆菌、布氏杆菌等均有很强的作用，抗绿脓杆菌的作用尤为突出；在革兰氏阳性菌中，金黄色葡萄球菌对本品最敏感，炭疽杆菌、放线菌等亦敏感，还有抗霉形体的作用。但是链球菌、厌氧菌、结核杆菌对本品耐药。

主要用于治疗绿脓杆菌、变形杆菌、大肠杆菌、沙门杆菌、耐药性金黄色葡萄球菌引起的系统感染或局部感染。如呼吸道、泌尿生殖道感染及败血症。内服不易吸收，用于肠道感染效果好。

【用法与用量】 内服，每千克体重 5 毫克，每天 2~3 次；肌内注射每千克体重 1~1.5 毫克，每天 2 次。

【剂型】 片剂，每片 20 毫克（2 万单位），40 毫克（4 万单位）；注射液，2 毫升、80 毫克（8 万单位），5 毫升、200 毫克（20 万单位），10 毫升、400 毫克（40 万单位）。

【注意事项】

（1）细菌对庆大霉素的耐药性发展缓慢，耐药性发生后，停止用药 15 天以上，又会恢复敏感性，故临床用药时剂量要充足，疗程不要过长。

（2）对链球菌的感染治疗无效，但与青霉素 G 联合用药，对链球菌的作用具有协同作用。

新霉素

【理化性质】 硫酸新霉素为白色、类白色粉末，极易吸湿；易溶于水，性质极稳定。

【作用与用途】 抗菌谱与卡那霉素相似。对金黄色葡萄球菌及大肠杆菌有良好的抗菌作用。细菌对青霉素可产生耐药性，但是形成较缓慢，且与链霉素、卡那霉素、庆大霉素之间有部分或全部的交叉耐药。

新霉素内服与局部用药很少被吸收，内服后只有总量的 3% 从尿液中排出，大部分不经变化从粪便中排出体外。肠黏膜发炎或有溃疡时可吸收相当量。注射后很快吸收，其体内过程与卡那霉素相似。

注射毒性大，现已禁用；内服用于肠道感染，局部应用对葡萄球菌和革兰氏阴性杆菌引起的皮肤、眼、耳感染及子宫内膜炎等也有良好的疗效。

【用法与用量】 内服，每千克体重 10 毫克，每天 2 次，连用 3~5 天。

【剂型】 片剂，每片 0.1 克、0.25 克；眼膏、软膏含量 0.5%。

大观霉素

【别名】 壮观霉素、奇霉素、奇放线菌素。

【理化性质】 临床用其二盐酸盐五水合物，为白色或类白色晶粉，易溶于水，1% 的水溶液 pH 值为 3.8~5.6，水溶液在酸性溶液中稳定。

【作用与用途】 对革兰氏阳性菌和革兰氏阴性菌、霉形体均有作用，如对革兰氏阳性菌中的金黄色葡萄球菌、链球菌，革兰氏阴性菌中的大肠杆菌、沙门杆菌、巴氏杆菌等均有杀灭和抑制作用。主要用于以上述菌感染的治疗或预防其感染。在预防兔大肠杆菌引起的肠炎时有明显的效果。

【用法与用量】 内服，每千克体重 10~40 毫克，每天 2 次，连用 3~4 天；肌内注射，每千克体重 20~25 毫克，每天 1 次，连用 3~4 天。

【剂型】 粉剂，含纯药量 50%；水溶液为 0.5 克／毫升；注射液为 10 克／100 毫升。

盐酸大观－盐酸林可霉素可溶性粉

按 2:1 比例，加乳糖或葡萄糖配制而成。

【别名】 利高霉素。

【理化性质】 白色或类白色粉末，易溶于水。

【作用与用途】 对革兰氏阳性菌和革兰氏阴性菌均有高效

杀菌作用，抗菌范围和抗菌活性均比单用明显扩大和增强。主要用于大肠杆菌和沙门杆菌的兔肠炎及其细菌性肠炎。

【用法与用量】 内服，每千克体重 10 毫克，每天 1 次，连用 3～5 天；混饮，每升水 0.06 克（60 毫克），连饮 3～5 天。

安普霉素

【别名】 阿普拉霉素。

【理化性质】 微黄色或黄褐色粉末，有吸湿性，易溶于水。

【作用与用途】 对多种革兰氏阴性菌，如大肠杆菌、假单胞菌、沙门杆菌、克雷白杆菌、变形杆菌、巴氏杆菌、痢疾杆菌及葡萄球菌和支原体等均具有杀菌活性，最敏感的是大肠杆菌、沙门杆菌、葡萄球菌和支原体。杀菌机制是与敏感菌核糖体 30S 亚基而抑制细菌蛋白质合成。经多种细菌试验，对本品敏感者达 99%，而新霉素与链霉素分别达 93% 和 48%。盐酸吡哆醛能加强本品的抗菌活性。本品内服可部分吸收，吸收量同用量有关，可随动物年龄的增加吸收量逐渐减少。药物以原型通过肾脏排出。

主要用于治疗兔大肠杆菌病和其他敏感菌所引起的疾病，特别是对小兔腹泻治疗效果明显，并且有促进增重和饲料转化率的作用，也可以治疗大肠杆菌和沙门杆菌引起的肠道疾病。

【用法和用量】 加在饲料中混饲，每 100 千克饲料添加 8～10 克，连用 7 天。

【注意事项】 本品遇铁锈能失效，也不要与微量元素相混合，休药期 21 天。

链霉素

【理化性质】 其硫酸盐为白色或类白色粉末，易溶于水。

【作用与用途】 对结核杆菌和多数革兰氏阴性菌，如大肠杆菌、沙门杆菌、巴氏杆菌、布氏杆菌等均有效，对革兰氏阳性菌作用较青霉素弱，对钩端螺旋体、放线菌、霉形体亦有一定作用。

主要用于治疗巴氏杆菌病、钩端螺旋体病及大肠杆菌、沙门杆菌等敏感菌引起的呼吸道疾病、消化道疾病、泌尿生殖道疾病及败血症。

【用法与用量】 内服，每千克体重 15～25 毫克，每天 2 次，连用 3～5 天；肌内注射每千克体重 10 毫克，每天 2 次，连用 3～4 天。

【剂型】 1 毫克 = 1 000 单位。片剂每片 0.1 克（10 万单位）；粉针剂每支 1 克（100 万单位），2 克（200 万单位）。

【注意事项】

（1）遇酸、碱、氧化剂、还原剂活性下降。

（2）在水溶液中遇新霉素钠、磺胺嘧啶钠会出现沉淀，发生混浊，应避免与这些药混用。

六、四环素类

四环素类抗生素是一类广谱抗生素，包括从链霉菌属培养液中提取的四环素、土霉素、金霉素及半合成四环素，如多西环素、美他环素、米诺环素等。四环素、土霉素等盐类，口服能吸收但不完全，而四环素、土霉素碱吸收更差。

四环素类抗生素对革兰氏阳性菌和革兰氏阴性菌，以及立克次体属、支原体属、螺旋体属均有效，其抗菌作用强弱依次为米诺环素 > 多西环素 > 金霉素 > 四环素 > 土霉素。对革兰氏阳性菌的作用比革兰氏阴性菌强，而对变形杆菌和绿脓杆菌无作用。

这一类抗生素的杀菌机制是抑制细菌肽链延长和蛋白质合成。四环素类抗生素早在 20 世纪 60～70 年代已广泛应用，特别是兽医滥用，这造成病原菌对这类抗生素的耐药性增强。天然四环素类药物之间有交叉耐药性，但半合成类四环素之间交叉耐药不明显。

盐酸米诺环素

【别名】 盐酸二甲胺四环素、美满霉素、美力舒。

【理化性质】 金黄色结晶性粉末。略溶于水。

【作用与用途】 长效、高效、广谱半合成四环素类抗生素。抗菌谱为对多种革兰氏阳性菌和革兰氏阴性菌、立克次体、霉形体、衣原体、放线菌、螺旋体、阿米巴原虫等都有效，对革兰氏阴性菌作用较强。在四环素类抗菌药中作用最强，对四环素耐药的金黄色葡萄球菌、链球菌、大肠杆菌，对本品仍然敏感。金黄色葡萄球菌对本品不易产生耐药性，但大肠杆菌易产生。

临床上用于治疗敏感菌所引起的尿道感染、胃肠炎、呼吸道疾病、皮肤软组织感染效果都很好。

【用法与用量】 片剂，每片 0.1 克，内服，每千克体重 3～4 毫克，每天 2 次，连用 3～5 天。

【注意事项】

（1）本类抗生素内服可引起肠道菌群失调，引起二重感染和肝脏损伤等。为防止不良反应发生，成年兔不宜内服此药，必要时可以注射用，2 月龄前的幼兔可以应用。

（2）此类抗生素能干扰一些肝毒性药物（如氯丙嗪、安定、双氢氯噻嗪、保泰松等）的肝肠循环，影响其疗效，增加肝毒反应；有些肾毒性药物（某些止痛药、万古霉素、杆菌肽、黏杆菌素等）与本产品合用时可加剧肾毒反应；与青霉素、头孢菌素药物有拮抗作用。

盐酸多西环素

【别名】 盐酸脱氧土霉素、强力霉素、伟霸霉素。

【理化性质】 淡黄色或黄色结晶性粉末，无臭、味苦、在水中易溶。

【作用与用途】 本品为长效、高效、广谱半合成四环素类抗生素。其抗菌谱与盐酸米诺环素相似。其体外抗菌力较盐酸米诺环素弱，对耐四环素的细菌有效。临床上可用于治疗慢性呼吸道疾病，大肠杆菌、沙门杆菌、巴氏杆菌引起的消化道、呼吸道、泌尿道疾病。

【用法与用量】 片剂（胶囊），每片（粒）50毫克或100毫克，内服，家兔10～20毫克／千克体重，每天1次，连用3～4天；混饲，每千克饲料100～200毫克；混饮，每升水50～100毫克。

注射用盐酸多西环素，每支100毫克或200毫克，静脉注射每千克体重2～4毫克，每天1次。注射时用5%的葡萄糖溶液稀释0.1%以下浓度，缓慢注入。

【注意事项】

（1）参考盐酸米诺环素的注意事项。

（2）本品毒性小，但刺激性强，静脉注射时不能滴漏在皮下。

（3）不宜与其他任何药物混用。

盐酸金霉素

【别名】 盐酸氯四环素。

【理化性质】 金黄色或黄色结晶，无臭、味苦，遇光颜色变暗。在水或乙醇中微溶。

【作用与用途】 用途与土霉素相似，但对革兰氏阳性菌、耐药金黄色葡萄球菌感染的疗效较强。对家兔母兔的乳腺炎、仔兔黄尿病疗效很好。

【用法与用量】

（1）片剂与胶囊：每片（粒）125毫克或250毫克，家兔及其他小动物内服时，每天每千克体重30～50毫克，分早、晚两次投给；混饲，每千克饲料 200~500 毫克；混饮，每升水 60~250 毫克。混饲与混饮用药期均为 3~5 天。

（2）盐酸金霉素眼膏：每只 4 克，含金霉素 0.2 克。外用。

（3）盐酸金霉素软膏：每只 10 克，含金霉素 0.1 克，外用。

【注意事项】　参考盐酸米诺环素。

盐酸四环素

【理化性质】　黄色结晶性粉末，无臭、味苦、有吸湿性，光照时间过长颜色变深。在碱性溶液中结构容易被破坏而失效。在水中溶解，在乙醇中略溶。

【作用与用途】　抗菌谱广，对很多革兰氏阳性菌和革兰氏阴性菌、立克次体、霉形体、衣原体、放线菌、螺旋体、阿米巴原虫等都有效。对革兰氏阴性菌作用较强。

在临床上能治疗以上病原体引起的感染，如肺炎、出血性败血症、乳房炎等。

【用法与用量】

（1）片剂与胶囊：每片（粒）125 毫克或 250 毫克，内服时兔每只 100~250 毫克。

（2）注射用盐酸四环素，每只 125 毫克或 250 毫克，兔肌内或静脉注射时每天每千克体重 40 毫克，分 2 次注射。

【注意事项】

（1）注意事项参考米诺环素。

（2）本品不可与阿米卡星、氨茶碱、氨苄西林、巴比妥类、钙盐、头孢菌素类、青霉素类、新生霉素、多黏菌素 B、磺胺嘧啶钠、碳酸氢钠等联用。

盐酸土霉素

【别名】　地霉素、盐酸氧四环素。

【**理化性质**】 黄色结晶性粉末、无臭、味微苦，有轻微吸湿性，在日光下颜色变暗，在碱溶液中易破坏失效。易溶于水。

【**作用与用途**】 抗菌谱广，对多数革兰氏阳性菌和革兰氏阴性菌，立克次氏体、霉形体、衣原体等都有杀灭作用。对家兔肠道疾病有预防和治疗作用。

【**用法与用量**】

（1）盐酸土霉素片：每片 125 毫克或 250 毫克，家兔内服每天 100～200 毫克；混饲每千克饲料 200～600 毫克；混饮每升水 150～300 毫克。

（2）注射用盐酸土霉素：每只 125 毫克、250 毫克、500 毫克。兔肌内注射，每天每千克体重 40 毫克，分早、晚两次注射。

（3）土霉素注射液：含土霉素 25% 灭菌油制混悬液，专用肌内注射，用量每千克体重 0.15 毫升。

【**注意事项**】 参考盐酸米诺环素。

七、氯霉素类

氯霉素类属酰胺醇类广谱抗生素，目前应用的有氟苯尼考、甲砜霉素、琥珀氯霉素。氯霉素及其制剂 2002 年被农业部列入《食品动物禁用的兽药及其他化合物清单》，而氟苯尼考、甲砜霉素为氯霉素的衍生物，目前仍在使用。

氟苯尼考

【**别名**】 氟甲砜霉素，为人工合成的甲砜霉素单氟衍生物。

【**理化性质**】 白色或类白色结晶性粉末，无臭。在二甲基甲酰胺中极易溶解，在甲醇中溶解。0.5% 的水溶液 pH 值应为 4.5～6.5。

【**作用与用途**】 内服和肌内注射均吸收迅速，分布广泛，半衰期长，血药浓度高，能较长时间维持血药浓度。对革兰氏阳性菌、革兰氏阴性菌均有抑制作用。对许多肠道菌抗菌活性优于氯霉素、甲砜霉素，在体内外试验中，本品对耐氯霉素、甲砜霉素的菌株仍有极强的抗菌活性。临床上广泛应用于对家兔呼吸道疾病、消化道疾病的治疗，且效果良好。

【用法与用量】

（1）混饲：100千克饲料，加氟苯尼考纯粉5克，连用3~4天，对兔的各种病原引起的疾病有预防和治疗作用。

（2）内服：每千克体重20~30毫克，连用3~4天。

（3）肌内注射：每千克体重25毫克，首次注射后隔48小时再注射第二次。

【注意事项】

（1）本品有胚胎毒性，妊娠母兔最好不用，为了保种兔必要时可以用。

（2）用药会出现短暂的厌食、饮水减少和腹泻不良反应，不要将其当成病态。有时注射部位会出现炎症。

甲砜霉素

【别名】　硫霉素，是硫霉素的同类物，可以人工合成。

【理化性质】　中性的白色、无臭结晶粉末，对光、热都稳定，有吸湿性。室温下在水中的溶解度为0.5%~1%，醇中的溶解度为5%。其甘氨酸盐为白色晶粉，易溶于水，1克相当于甲砜霉素0.792克。

【作用与用途】　抗菌谱与抗菌作用与氯霉素相似。但对多数肠杆菌科细菌、金黄色葡萄球菌、肺炎球菌的作用比氯霉素稍差。作用机制：通过脂溶性可弥散进入细菌细胞内，主要作用是抑制转肽酶，使肽链的增长受阻抑制了肽链的形成，从而阻止蛋白质的合成。本品与氯霉素有交叉耐药性。部分细菌产生的乙酰转移酶可灭活甲砜霉素。

本品口服后吸收迅速而全面，连续用药在体内无蓄积，同服丙磺舒可使其排泄延缓，血药浓度增高。甲砜霉素不在肝内代谢，也不与葡萄糖醛酸结合。口服后在体内广泛分布，其组织、器官的含量比同剂量的氯霉素高，肾、肺、肝中的含量比同剂量的氯霉素高，肾、肺、肝中的含量比氯霉素高 3～4 倍，因此在体内的抗菌活性也较强。以原型经肾排泄，24 小时内排出内服量的 70%～90%。

【用法与用量】

（1）混饲：每 100 千克饲料添加 20 克，连服 3～5 天。

（2）内服、肌内注射：每千克体重 10 毫克，每天 2 次，连用 3～5 天。

【注意事项】　本品有较强的免疫抑制作用，比氯霉素强 6 倍，可抑制免疫球蛋白及抗体形成。在疫苗接种期间禁止注射或内服本品。

琥珀氯霉素

本品为氯霉素的琥珀酸酯，按干品计算，含氯霉素应为 75%～79%。与无水碳酸钠混合可制成注射用琥珀氯霉素。

【理化性质】　白色或类白色的结晶性粉末，无臭、味苦。在乙醇或丙酮中易溶，在水中微溶；在碱溶液中易溶。注射用琥珀氯霉素溶于水，20% 的水溶液的 pH 值应为 6.5～8.5。

【作用与用途】　为广谱抑菌剂，通过脂溶性溶剂可弥散进入细菌细胞内，主要作用是抑制转肽酶，使肽链的增长受阻，抑制了肽链形成，从而阻止蛋白质的合成来抑制病菌繁衍。

抗菌谱广，对革兰氏阳性菌和革兰氏阴性菌都有杀灭作用，对革兰氏阴性菌的作用要比革兰氏阳性菌强。敏感菌有大肠杆菌、沙门杆菌、炭疽杆菌、肺炎球菌、链球菌、李斯特菌等。

本品给药后在肝内缓慢水解，释放出游离氯霉素而起作用。

静脉注射与内服血药浓度相似，而肌内注射吸收慢，其血浆浓度仅为内服同样量氯霉素的 1/2。在给药剂量中，约有 30% 以无活性的未水解酯由尿液中排出。

【用法与用量】 肌内注射每千克体重 10～20 毫克，每天 2次，连用 3 天。

【注意事项】 本品不可与氨茶碱、氯化钙、复合维生素 B、维生素 C、青霉素、庆大霉素、磺胺嘧啶钠等配伍合用，以免引起沉淀或减效；也不能与土霉素配伍，以免发生混浊。

八、大环内酯类

大环内酯类是一类具有 14～16 大环的内酯结构的弱碱性抗生素。自 20 世纪 50 年代发现其代表产品红霉素以来，陆续研发了很多产品，并出现了动物专用品如泰乐菌素和替米考星等。本类药物的抗菌活性和抗菌谱基本相似，主要对需氧革兰氏阳性菌、革兰氏阴性球菌、厌氧球菌、支原体、衣原体属有良好作用。仅作用于分裂活跃的细菌，属生长期抑菌剂。作用机制为阻断转肽作用和 mRNA 位移而抑制细菌蛋白质合成。此类药物内服可以吸收，在动物体内分布广泛，胆汁中浓度最高，不易透过血脑屏障。近年来又有了新的产品，如罗红霉素、阿奇霉素等。

红霉素

【理化性质】 白色碱性晶状物，极易溶于水，易溶于乙醇，与酸成盐如乳糖酸盐或硫氰酸盐则易溶于水。本品在碱性溶液中抗菌作用较强，酸性条件下不稳定，pH 值低于 4 时迅速被破坏，抗菌作用消失。

【作用与用途】 抗菌谱与苄青霉素相似，对革兰氏阳性菌中的金黄色葡萄球菌、链球菌、肺炎球菌作用较强；对革兰氏阴性菌中巴氏杆菌、布氏杆菌也有一定作用；对霉形体、立克次体、钩端螺旋体、放线菌等有效，但对大肠杆菌、沙门杆菌等肠道革兰氏阴性杆菌无作用。

临床上用于治疗耐药金黄色葡萄球菌、溶血链球菌所引起的感染，如肺炎、败血症、子宫内膜炎、乳腺炎等。细菌对红霉素的耐药性不断增长，使用疗程较长还会出现诱导性耐药。

【用法与用量】

（1）内服：每千克体重 3～5 毫克，每天 3 次，连用 3～5 天。

（2）肌内注射（硫氰酸盐）：每千克体重 2～3 毫克，每天 2 次，连用 3 天。

【剂型】

（1）硫氰酸红霉素可溶性粉（高力米先、强力米先）：100 克含纯粉 5 克。

（2）硫氰酸红霉素（高力米先）注射液：每毫升含红霉素 50 毫克、100 毫克、200 毫克。

（3）片剂：每片含 0.125 毫克（12.5 万单位）、250 毫克（25 万单位）。

【注意事项】

（1）红霉素对氯霉素和林可霉素有拮抗作用，不易联用。

（2）红霉素不与酸性物质配伍。内服易吸收，能被胃酸破坏，可应用红霉素肠溶片，或耐酸的红霉素，即红霉素丙酸酯的十二烷基硫酸盐。

阿奇霉素

【理化性质】 白色或微黄色结晶状粉末，水中微溶。

【作用与用途】 是一种新型大环内酯类抗生素，抗菌谱广，对大多数革兰氏阳性菌，如葡萄球菌、链球菌；革兰氏阴性菌，如大肠杆菌、巴氏杆菌以及衣原体、螺旋体等，都有强大的杀灭作用，体内的抗菌作用为泰乐菌素的 4 倍，红霉素的 10 倍。对酸稳定，半衰期长达 40～50 小时，无论体内任何部位的病灶，药物浓度都比其他同类抗生素高得多，故称"导弹霉素"。

临床上用于治疗敏感菌引起的呼吸道疾病、泌尿生殖道炎症、大肠杆菌病、沙门杆菌病等。

【用法与用量】　2% 乳酸阿奇霉素注射液，肌内注射，每千克体重 0.01 毫升。

【注意事项】　本品与泰乐菌素同类产品无交叉耐药性，与氨基糖苷类抗生素联合用药有加强作用。

泰乐菌素

【别名】　泰乐霉素、泰勒星、泰乐素、泰农。

【理化性质】　白色片状结晶，在水中微溶。

【作用与用途】　本品为畜禽专业抗生素，对革兰氏阳性菌和部分革兰氏阴性菌、螺旋体、立克次体、衣原体都有抑制作用，对霉形体有特殊效果。对革兰氏阳性菌的作用较红霉素弱。本品与同类抗生素之间有交叉耐药性。

用于兔呼吸道疾病和传染性鼻炎的预防与治疗。对其他家畜的肠道疾病、乳房炎、子宫炎等疗效也很好。也可以作为畜禽添加剂，能防病、促进增重，提高饲料的利用率。

【用法与用量】

（1）注射用的酒石酸泰乐菌素：每只 250 毫克，肌内注射，每千克体重 10～15 毫克；内服，每千克体重 50～80 毫克；混饲每千克饲料 100～120 毫克。

（2）酒石酸泰乐菌素可溶性粉：每袋 100 克，混饮，每升水 0.5～0.8 克；混饲，每千克饲料 1～1.5 克。

（3）酒石酸泰乐菌素注射液：每支 50 毫升，含药 2.5 克或 10 克，治疗兔由巴氏杆菌感染引起的呼吸道疾病和肠道疾病。

肌内注射每千克体重 10~15 毫克，每天 2 次，连用 3~5 天。

（4）磷酸泰乐菌素磺胺二甲嘧啶预混剂：用于预防兔肠道疾病，每 100 克产品中含磷酸泰乐菌素 2 200 毫克、磺胺二甲嘧啶 2 200 毫克；混饲时，每千克饲料加泰乐菌素 100 毫克，连用 5 天。

罗红霉素

【别名】 罗红清、罗力得、罗麦新、迈克罗德。

【理化性质】 白色或类白色结晶或粉末，无臭、味苦、略有吸湿性。在乙醇中易溶，在水中不溶。

【作用与用途】 它是一种新型的大环内酯类抗生素，对酸稳定。抗菌谱与红霉素相似，抗菌作用比红霉素强，对耐红霉素的病原体仍有极好的杀菌作用，对革兰氏阳性菌引起的感染有很好的治疗作用。

临床上用于革兰氏阳性球菌引起的呼吸道感染、皮肤软组织感染。

【用法与用量】

（1）罗红霉素片（或胶囊）：每片（或粒）50 毫克或 75 毫克或 150 毫克，内服每千克体重 5~10 毫克，连用 5 天。

（2）罗红霉素可溶粉：每袋 100 克，含罗红霉素 1 克，预防性混饮时，每升水 50 毫克、治疗性混饲时，每千克料 100 毫克，连用 3~5 天。

替米考星

【理化性质】 白色或类白色粉末，不溶于水。

【作用与用途】 半合成、畜禽专用的抗生素。对革兰氏阳性菌及革兰氏阴性菌、霉形体、螺旋体均有抑制作用，对胸膜肺炎放线菌、巴氏杆菌、霉形体的抗菌活性比泰乐菌素更强。

临床主要用于治疗由胸膜肺炎放线杆菌、巴氏杆菌和霉形体引起的肺炎、哺乳动物乳腺炎。

【用法与用量】

（1）替米考星注射液：皮下注射时每千克体重 10 ~ 20 毫克，每天 1 次，连用 3 ~ 5 天。

（2）替米考星预混剂：含纯粉 20%。混饲时每千克饲料 200 毫克，混饮每升水 100 ~ 200 毫克，连用 5 天左右。

九、多肽类

这一类抗生素大多数具有抗革兰氏阳性菌和革兰氏阴性菌、绿脓杆菌、分枝杆菌、真菌、螺旋体和某些原虫的作用。同时小剂量有抑菌作用，大剂量有杀菌作用，毒性较大，主要引起神经症状，对肾脏也有毒性。

杆菌肽

【别名】　枯草菌素、枯草菌肽、崔西杆菌素。

【理化性质】　类白色或淡黄色粉末；无臭、味苦，有吸湿性；易被氧化剂破坏，在溶液中能被多种重金属盐沉淀。在水中易溶，在乙醇中溶解，在丙酮、氯仿或乙醚中不溶。每毫升含 1 000 单位的水溶液的 pH 值为 5.5 ~ 7.5。本品在干燥状态下稳定，在水溶液中 pH < 3 时易析出，pH > 9 时稳定，遇热迅速失效。

【作用与用途】　对革兰氏阳性菌具有高度的抗菌活性，尤其是对金黄色葡萄球菌和链球菌属的细菌作用强大。对某些螺旋体、放线菌也有一定作用，对革兰氏阴性杆菌无效。本品的抗菌机制主要是抑制细菌细胞壁的合成，也能损伤细胞膜，使细菌细胞内重要物质外流，属慢效杀菌剂。二价金属离子，特别是锌离子能加强本品的抗菌作用。细菌对本品较少产生耐药性，且与其他抗生素无交叉耐药现象。

本品内服几乎不被吸收，肌内注射后 2 小时可达血药高峰浓度。在体内广泛分布，除胆汁、肝、肾外，在器官组织内分布量较少。主要经肾排泄，排泄迅速，24 小时后除胆汁、肝、肾外，已无残留。

本品不适合全身性治疗。可以内服治疗病菌引起的腹泻。部分用其做眼膏、软膏或复方眼膏治疗敏感菌所致的皮肤伤口、软组织、眼、口腔、耳等部位感染。

【用法与用量】

（1）片剂：每片 2.5 万单位。内服兔每千克体重 0.5 万单位。

（2）注射用杆菌肽：每只 5 万单位，肌内注射时兔每千克体重 1 万 ~2 万单位。

（3）杆菌肽预混剂：每 100 克含杆菌肽锌 10 克（40 万单位）或 15 克（60 万单位），混饲防止兔肠道疾病、促生长，每千克饲料 40 毫克。

（4）杆菌肽锌–黏杆菌素预混剂：每 100 克含杆菌肽锌 5 克（21 万单位）、黏杆菌素 1 克（3 000 万单位），用于预防消化道疾病、促生长，每千克饲料兔用 20 毫克。

【注意事项】

（1）本品与链霉素、新霉素、多黏菌素 B、硫酸黏菌素联用有协同作用。

（2）本品与四环素类、吉他霉素、恩拉霉素、喹乙醇等联用有拮抗作用，禁止同时使用。

杆菌肽锌

本品为杆菌肽的锌盐。

【理化性质】　淡黄色或淡棕黄色粉末；无臭、味苦。在吡啶中易溶，在水、甲醇、丙酮、氯仿、乙醚中几乎不溶。

【作用与用途】　抗菌作用如杆菌肽。主要作为饲料药物添加剂，主要用于仔兔、幼兔防病及促生长，提高饲料利用率。大剂量也可以用来治疗仔兔、幼兔的细菌性感染。

【用法与用量】　混饲：100 千克饲料加杆菌肽锌 0.4 ~ 4 克（以本药纯粉算）。

【制剂】　杆菌肽锌预混剂：1 000 克加入本品 100 克（400万单位），1 000 克加入 150 克（600 万单位）。

【注意事项】　本品只能添加于干料中，勿在液体中添加。

多黏菌素 B

【理化性质】　本品的硫酸盐为白色晶状粉末，易溶于水，在酸性溶液中稳定；在中性溶液中室温下放置 1 周效价无变化，但在碱性溶液中不稳定。本品 1 毫克相当 1 万单位。

【作用与用途】　只对革兰氏阴性菌有抗菌作用，尤其对绿脓杆菌作用强大，对大肠杆菌、肺炎杆菌、沙门杆菌、巴氏杆菌、弧菌等也有较强作用。但对革兰氏阳性菌、革兰氏阴性的球菌、变形杆菌不敏感。内服不吸收，注射给药主要由尿排泄。多用于绿脓杆菌感染、大肠杆菌感染，常与新霉素、杆菌肽合用治疗兔肠道感染性疾病。

【用法与用量】

（1）内服：每千克体重 3 000 ~ 5 000 单位／次，每天 2 ~ 3次；与新霉素、杆菌肽合用时，用量减半。

（2）肌内注射：每千克体重 5 000 单位，每天 2 次。家兔肠道疾病口服为好。

【剂型】　片剂：每片 12.5 万单位、25 万单位；粉针剂：每支（瓶）50 万单位。

多黏菌素 E

【别名】 黏菌素、抗敌素。

【理化性质】 硫酸盐为白色或微黄色粉末，易溶于水，水溶液在酸性条件下稳定。

【作用与用途】 抗菌谱与多黏菌素 B 相同。内服不吸收，用于治疗大肠杆菌引起的肠炎和痢疾。局部用药可用于创伤引起的绿脓杆菌局部感染，以及敏感菌感染引起的乳房炎、子宫炎等。还可作饲料添加剂，促进仔、幼兔生长。本品与庆大霉素、新霉素、杆菌肽联合用药有协同作用。

【用法与用量】 混饲：100 千克饲料 2 克（以黏菌素计）。混饮：每升水 40 ~ 100 毫克（以黏菌素计），连用 3 ~ 5 天。内服：每千克体重 1.5 万 ~ 5 万单位，每天 2 次。肌内注射：同多黏菌素 B。

【剂型】 本品 1 毫克相当于 6 500 单位。

预混剂：硫酸多黏菌素 E - 20、多黏菌素 E - 40，即每千克分别含硫酸多黏膜菌素 20 克、40 克。

片剂：每片含多黏膜菌素 E 12.5 万单位、25 万单位。

粉针剂：每瓶 50 万单位。

注射液：每支 2 毫升，25 万单位。

【注意事项】

（1）本品内服吸收甚微，不适用于全身感染治疗。

（2）本品吸收后对肾脏和神经系统有明显毒性，剂量过大或疗程过长以及注射给药会危害肾脏和神经系统。

恩拉霉素

【别名】 安米霉素、持久霉素。

【理化性质】 白色或淡黄色结晶性粉末。易溶于稀盐酸，可溶于甲醇、含水乙醇，难溶于乙醇和丙酮，不溶于醋酸、氯仿、苯等有机化合物。

【作用与用途】 对革兰氏阳性菌有明显的抑菌作用，主要阻碍细菌细胞壁的合成。敏感细菌有金黄色葡萄球菌、表皮葡萄球菌、柠檬色葡萄球菌、酿脓链球菌等。而肺炎球菌、枯草杆菌、炭疽杆菌、破伤风梭菌、肉毒梭菌、产气荚膜梭菌亦较敏感。布氏杆菌、沙门杆菌、致贺菌等革兰氏阴性菌对本品耐药。

本品内服不易吸收，给动物肌内注射后半小时血清中即达治疗浓度，6 小时达到峰值，有效血药浓度能维持 24 小时。体内分布以肾的药物浓度升高最快，肝、脾稍缓慢。药物主要由尿排出。

【用法与用量】 100 千克饲料中添加本品 1.5 克，可促进仔兔、幼兔生长，防止发病。

第三节　氟喹诺酮类抗生素

本品亦称氟吡酮酸类，是人工合成的新型抗菌药物，为第三代喹诺酮类，因其化学结构上均含氟原子，故称氟喹酮类药物。本类抗菌药第一、二代产品抗菌作用弱，国内较少使用。目前国内主要是第三代产品，已投入使用的有两大类 10 余种。一类是医用移植转化来的，如诺氟沙星、环丙沙星、氧氟沙星、培氟沙星、罗美沙星等；另一类是动物专业品种，如恩诺沙星、沙拉沙星、达诺沙星、麻波沙星等。第四代药已经产生，具有广谱、高效、长效等特点，如斯巴沙星等，它是将来畜用药的方向。

一、氟喹诺酮类药物的共同特点

（一）广谱、高效

除对霉形体、大多数革兰氏阴性菌敏感以外，对某些革兰氏阳性菌及厌氧菌也有作用。如霉形体、大肠杆菌、沙门杆菌、嗜血杆菌属、巴氏杆菌、绿脓杆菌、波特杆菌及革兰氏阳性菌中的金黄色葡萄球菌、链球菌等，均有强大的杀菌作用。其杀菌药物浓度与抑菌浓度相同或为抑菌浓度的 2～4 倍。

（二）动力学性质优良

氟喹诺酮类药物绝大多数内服、注射均易吸收，体内分布广，给药后除中枢神经以外，大多数组织中的药物浓度高于血清药物浓度，亦能渗入脑及乳汁中，故对治疗全身性感染和深部感染效果好。

（三）作用机制独特

此类药物作用机制与其他抗菌药物不同，是抑制细菌 DNA 合成酶之一的回旋酶，造成细菌染色体的不可逆损害而呈选择性杀菌作用。目前，一些细菌对许多抗生素的耐药性可因质粒传导而广泛传播，而此类药物不受质粒传播的影响。此类药物与其他药物间无交叉耐药性，如对磺胺与三甲氧苄氨嘧啶复方制剂耐药的细菌，对庆大霉素耐药的绿脓杆菌、对泰妙菌素耐药的霉形体，此类药物对它们仍有效。

（四）使用方便

供兽医临床使用的有散剂、口服液、可溶性粉、片剂、胶囊剂、注射剂等多种剂型，可供内服、注射等多种途径给药，且安全、范围广、毒副作用小。

二、氟喹诺酮类药物的合理使用

（一）抗菌范围

此类药物属广谱抗菌药，主要适用于霉形体病及敏感菌引起的呼吸道疾病、消化道疾病、泌尿生殖道感染、败血症等，尤其适用于细菌与细菌，细菌与霉形体合并感染，亦可用以控制病毒性疾病的继发细菌性感染。兔病防治中，除大肠杆菌引起的肠道疾病外，一般不宜做其他单一病菌感染的首选药物，更不能将此类药物视为万能药物，无论什么细菌性疾病，都使用这一类药物。

（二）抗菌作用

动物体外试验比较表明，以达诺沙星、环丙沙星、恩诺沙星、麻波沙星最强，沙拉沙星次之，氧氟沙星、罗美沙星、诺氟沙星、培氟沙星稍弱。氧氟沙星内服吸收最好，适于群体防治的混饮给药；达诺沙星给药后，肺部浓度很高，特别适合于呼吸道疾病治疗；沙拉沙星内服后，在肠道内浓度较高，较适合肠道感染的治疗；麻波沙星较适合皮肤、泌尿系统感染的治疗。

（三）适应范围

此类药物为杀菌药物，主要用于治疗，一般不做细菌性疾病的预防使用。

（四）安全范围

此类药物治疗用量的数倍用药量，一般不产生明显毒性作用。但其杀菌作用与剂量间呈双相变化关系：1/4MIC（最小抑菌浓度）～MBC（最小杀菌浓度）范围内，抗菌作用随药浓度的增加而迅速加强，以后逐渐趋于稳值，而在大于 MBC 后，随着药物浓度的增加，杀菌作用逐渐减弱。很多养兔生产者不懂科学用药，用药量随意加大，不仅造成了浪费，而且也影响了疾病的治疗。

（五）耐药性

细菌对此类药物一般不易产生耐药性，但随着 20 世纪 80 年代中期以来的广泛使用，耐药性报道逐年增多，耐药菌株逐年增加，临床应用根据药敏试验，合理筛选，不可滥用。

（六）配伍禁忌

氯霉素可使此类药物的作用降低，不能配伍使用。铝、镁的盐类在肠道内可与此类药物结合而影响吸收，从而降低血药浓度，不能联用。

三、常用的氟喹诺酮类药物

诺氟沙星
【别名】 氟哌酸。

【理化性质】 类白色或淡黄色晶体粉末，味微苦，在空气中能吸收水分，遇光颜色变深。难溶于水和乙醇，在二甲基甲酰胺中略溶，在醋酸、盐酸、烟酸或氢氧化钠溶液中易溶。兽药常用其乳酸盐和盐酸盐。

【作用与用途】 抗菌谱广，对霉形体、革兰氏阴性菌，如大肠杆菌、沙门菌、巴氏杆菌和绿脓杆菌等有较强的杀菌作用；对革兰氏阳性细菌，如金黄色葡萄球菌、链球菌等，亦有作用。本品内服后吸收迅速，体内分布广泛，除脑组织、骨组织外，在肝、肾、脾、胰、淋巴结、支气管黏膜中，浓度均高于血浆浓度，并可渗入胸水、腹水和乳汁中。主要通过尿液排出。

适用于敏感菌感染引起的消化道、呼吸道、泌尿生殖道、皮肤等病症。

【用法与用量】

（1）内服：10～20毫克/千克体重，每天2次，连用3～5天。

（2）肌内注射：5毫克/千克体重，每天2次，连用3天。

【剂型】

（1）预混剂：100克内含5克纯粉；烟酸诺氟沙星（杀菌星）可溶粉：每100克含纯粉2.5克或5克；乳酸诺氟沙星可溶性粉：每100克含纯粉5克；烟酸诺氟沙星溶液：100毫升含纯粉2克或5克。

（2）片剂（或胶囊）：每片（或粒）0.1克。

（3）注射剂：5毫升含纯粉0.1克或10毫升含纯粉0.2克。

【注意事项】 孕兔禁用。本品与呋喃妥因有拮抗作用，不能联用。

环丙沙星

【理化性质】　为白色或淡黄色粉末，不溶于水。其盐酸盐和乳酸盐易溶于水。

【作用与用途】　抗菌谱与诺氟沙星相似，但抗菌活性较后者强2～10倍，是这类药物中体外抗菌活性最强的药物。对革兰氏阴性菌和革兰氏阳性菌都有较强的抗菌活性。对革兰氏阴性杆菌的杀伤力特别强，并对绿脓杆菌、厌氧菌有较强的抗菌作用。内服吸收迅速但不完全，其乳酸盐克服了环丙沙星不溶于水的缺点，是环丙沙星盐类中生物利用度最好、刺激性最小、疗效最高的广谱抗菌药物。

临床能治疗多种病原菌引起的消化道、呼吸道、泌尿生殖系统、软组织疾病。可以治疗大肠杆菌性败血症、腹泻、拉白色胶冻状黏液等病症。

【用法与用量】

（1）内服：每千克体重2.5～5毫克，每天2次，连用3～5天。

（2）肌内注射：每千克体重2.5毫克，每天2次，连用3天。

【剂型】

（1）盐酸环丙沙星可溶性粉：100克含其药物纯粉2克、2.5克或5克。

（2）片剂：每片含其药物0.25克、0.5克，胶囊0.1克。

（3）盐酸环丙沙星注射剂：2毫升含40毫克，100毫升含2克、2.5克；乳酸环丙沙星注射剂：2毫升含50毫克，100毫升含2克。

·恩诺沙星

【别名】 乙基环丙沙星、乙基环丙氟哌酸、恩氟哌酸。即为环丙沙星的乙基化合物。

【理化性质】 微黄色或淡橙色结晶性粉末，味微苦，遇光颜色逐渐变为橙红色。在二甲基甲酰胺中略溶，在水中极微量溶解，在氢氧化钠中溶解。

【作用与用途】 是第三代动物专用的氟喹诺酮类广谱抗菌药，对革兰氏阴性菌、革兰氏阳性菌和霉形体均有效，其抗菌活性明显高于诺氟沙星。本品内服、肌内注射均易吸收，体内分布广泛，除中枢神经系统外，其他组织中的药物浓度几乎都高于血药浓度。在体内可脱乙基、产生活性物环丙沙星。临床上主要治疗兔大肠杆菌、沙门杆菌感染引起的肠炎，巴氏杆菌、波氏杆菌、金黄色葡萄球菌等感染引起的呼吸道疾病等。

【用法与用量】

（1）混饮：每升水加本品 25~50 毫克，连饮 3~4 天。

（2）内服：每千克体重 2.5~5.0 毫克，每天 2 次，连用 3~5 天。

（3）肌内注射：每千克体重 2.5~3.5 毫克，每天 2 次，连用 3~5 天。

【剂型】

（1）盐酸恩诺沙星可溶性粉：100 克含有效成分 2.5 克。

（2）恩诺沙星溶液：100 毫升含 2.5 克、5.0 克、10 克。

（3）恩诺沙星注射剂：10 毫升含 50 毫克、250 毫克，100 毫升含 500 毫克、1 000 毫克。

【注意事项】 本品不能与卡那霉素、硫酸庆大霉素、氯霉素等药混合应用，以免发生混浊。

氧氟沙星

【别名】　氟嗪酸。

【理化性质】　白色或淡黄色结晶性粉末，无臭、味苦、难溶于水。

【作用与用途】　抗菌谱广，对革兰氏阴性菌、革兰氏阳性菌和部分厌氧菌、霉形体都有强大的杀菌作用。抗菌作用比诺氟沙星强。口服吸收完全，半衰期较长。适用于肠道、泌尿生殖道、呼吸道及皮肤软组织感染。

【用法与用量】

（1）内服：每千克体重 3~5 毫克，2 次/天，连用 3~5 天。

（2）肌内注射：每千克体重 3~5 毫克，2 次/天，连续注射 3~5 天。

培氟沙星

【别名】　甲氟哌酸。

【理化性质】　淡黄色结晶细末、无臭、味苦，不溶于水。其甲磺酸盐为白色或黄色粉末，易溶于水。

【作用和用途】　抗菌谱与抗菌活动与诺氟沙星相似，对耐 β - 内酰胺类和氨基糖苷类的菌株仍然有效。内服吸收良好，生物利用度优于诺氟沙星，心肌浓度是血药浓度的 1~4 倍，较易通过血脑屏障。

本品主要用于敏感菌引起的呼吸道疾病、肠道疾病、脑膜炎、败血症、副伤寒。

【用法与用量】

（1）甲磺酸培氟沙星（炎立敌，2%）：每支 5 毫升、10 毫升，肌内注射，加入 5% 的葡萄糖可以静脉滴注，每千克体重 2.5~5 毫克，每天 2 次，连用 3 天。

（2）甲磺酸培氟沙星可溶性粉（4% 或 10%）每袋 50 克。

混饲，4%的产品每袋混 10~20 千克饲料；10%的产品每袋混 25~50 千克饲料群饲，连用 3 天。

（3）甲磺酸培氟沙星颗粒剂（百菌清）：每克 50 克，可供加入饮水投药，治疗按每升水加入 2 克，预防按每升水 1 克，连用 3~5 天。加入水中有轻微沉淀现象，但不影响疗效，摇匀后继续使用。

沙拉沙星

【别名】 富乐星。

【理化性质】 难溶于水，微溶于氢氧化钠溶液，其盐酸盐微溶于水。

【作用与用途】 为动物专用的广谱抗菌药，对革兰氏阳性菌和革兰氏阴性菌都有抗菌作用，抗菌活性优于诺氟沙星。内服吸收迅速，但不完全，从动物体内消除迅速，屠宰前休药期短。混饲、混饮或内服，对肠道疾病疗效突出，防治大肠杆菌、沙门杆菌引起的腹胀、腹泻及巴氏杆菌引起的呼吸道感染效果很好。

【用法和用量】

（1）混饲：每 100 千克饲料中加入纯粉 5~10 克。

（2）混饮：每升水加入纯粉 25~50 毫克。

（3）内服：每千克体重 2.5 毫克，每天 2 次，连用 3~5 天。

（4）肌内注射：每千克体重 2.5 毫克，每天 2 次，连用 3 天。

达氟沙星

【别名】 丹乐星、达诺沙星、丹诺沙星。

【理化性质】 白色或类白色结晶性粉末，无臭、味苦。其甲磺酸盐易溶于水。

【作用与用途】 是继恩诺沙星以后，又一动物专用广谱抗菌药。其抗菌谱与恩诺沙星相似，而抗菌作用较后者更强。本产品特点：内服、肌内或皮下注射吸收迅速、完全，生物利用度高；体内分布广泛，尤其是肺部中的药物浓度是血药浓度的5～7倍，故对呼吸道感染疗效实用。抗菌机制是抑制脱氧核糖核酸旋转酶的活性，使细菌细胞不能分裂，并迅速死亡。

临床上主要是用于下呼吸道、泌尿系统、消化系统感染及反复发作的慢性感染。

【用法和用量】

（1）甲磺酸达氟沙星注射液：每支2毫升，含有效成分50毫克；5毫升含有效成分25毫克，有效期2年。肌内或皮下注射，每千克体重1.5～2.0毫克，每天2次，连用3～5天。

（2）甲磺酸达氟沙星可溶性粉剂：每袋100克，含有效成分2克。拌料内服每千克料25～50毫克，每天2次，连用3～5天；混饮，每升水25毫克，自然饮用。

第四节　磺胺类抗生素

磺胺类抗菌药是兽医较常用的一类合成抗感染药物，具有抗菌广谱、化学性质稳定、使用方便、易于生产等优点。磺胺类药物单独使用病原体易产生抗药性，若与抗菌增效剂即三甲氧苄氨嘧啶（TMP）等联用，抗菌范围扩大，疗效明显增强，在兔的感染性疾病治疗中应用很普遍。

磺胺类药物种类很多，常用的也有十几种，分为内服难吸收用于肠道感染的、内服易吸收用于全身感染的、外用磺胺类药物三大类。

一、概述

（一）磺胺类药物理化性质

磺胺类药物具有磺胺的共同结构，一般为白色或淡黄色结晶性粉末，性质稳定，在水中溶解度低，易溶于无机酸或碱性溶液，制成的磺胺钠盐易溶于水，水溶液呈碱性。

（二）抗菌作用

磺胺类药物为广谱抗菌药，对大多数革兰氏阳性菌和革兰氏阴性菌都有效。对这类药物高度敏感的病原菌有链球菌、肺炎球菌、化脓棒状杆菌、大肠杆菌、沙门杆菌；中度敏感的有葡萄球菌、变形杆菌、巴氏杆菌、产气荚膜杆菌、肺炎杆菌、炭疽杆菌、李氏杆菌。此类药物对放线菌、某些真菌和原虫有抑制作用，但对螺旋体、结核杆菌完全无效。对立克次体不但不能抑制，反而刺激其生长。

磺胺类药物抑菌强度依次为：磺胺 - 6 - 甲氧嘧啶（SMM）＞磺胺甲基异噁唑（SMZ）＞磺胺异噁唑（SIZ）＞磺胺嘧啶（SD）＞磺胺二甲氧嘧啶（SDM）＞磺胺对甲氧嘧啶（SMDD）＞磺胺二甲基嘧啶（SM_2）＞磺胺邻二甲氧嘧啶（SDM'）。

（三）抗菌作用机制

此类药物抗菌机制是通过干扰细菌的叶酸代谢而抑制细菌的生长和繁殖。敏感菌在生长繁殖过程中不能直接利用外源性叶酸，所需要的叶酸必须自身合成，即利用对氨基苯甲酸、二氢蝶啶和 L - 谷氨酸，在二氢叶酸合成酶的作用下生成二氢叶酸，进而生成核酸、蛋白质。磺胺类药物与对氨基苯甲酸结构相似，可与对氨基苯甲酸竞争二氢叶酸合成酶，阻碍细菌合成二氢叶酸，最终影响核酸、蛋白质的合成，从而影响细菌的生长、繁殖。

（四）磺胺类药物的主要用途

（1）对全身感染的个体或传染病：不管是高敏菌、中敏菌引起的感染，选用肠道吸收良好的药物，如 SMM、SMZ、SD、SM$_2$ 等，与抗菌增效剂联用。

（2）肠道感染：选择肠道吸收不好的药物，如 SG、PST、SST 等。

（3）泌尿系统感染：应选用 STZ、SMD、SM$_2$ 和 SD 为好。

（4）原虫感染的个体：如球虫感染治疗，应选择 SM$_2$、SQ、SMM、SDM 等。

（五）应用磺胺类的药物应注意的事项

（1）对磺胺类药物敏感的病原菌，容易产生抗药性，而且对一种磺胺类药物产生抗药性以后，对其他磺胺类药物也往往有交叉耐药。若发现细菌有了耐药性（连用 3 天药后无明显效果），应及时改用抗生素或其他抗菌药。另外，为了防止磺胺类药物被细菌产生抗药性，使用时可同时使用抗菌增效剂，可显著提高疗效，减少耐药性发生。另外，为防止产生耐药性，选药一定要针对性强，同时首次剂量要加倍，以后给予持续量。

（2）要严格控制用药量，否则一方面容易引起药物中毒，另一方面投药量过大会造成肠道菌群失去平衡，导致消化障碍和消化道症状。

（3）此药物注射液不宜与酸性药物配伍。

二、常用磺胺类药物

磺胺嘧啶（SD）

【别名】 磺胺哒嗪、大安。

【理化性质】 白色或类白色结晶性粉末，无臭，无味，遇光颜色变暗。在乙醇和丙醇中微溶，在水中几乎不溶；在氢氧化钠溶液中或氨液中易溶，在稀盐酸中溶解。

【作用和用途】 内服吸收迅速，有效血药浓度维持时间长，血清蛋白结合率低，可通过血脑屏障进入脑脊液，是治疗脑部细菌感染的有效药物。

常与抗菌增效剂（TMP）配伍，用于敏感菌引起的脑部、呼吸道、消化道感染。

【用法与用量】

（1）内服：首次量为 0.14～0.2 克/千克体重。维持量减半，1 天 2 次，连用 3 天。

（2）静脉或肌内注射：0.07～0.1 克/千克体重，1 天 2 次，连续注射 3 天。

【注意事项】

（1）此药在体内的代谢产物为乙酰化磺胺，溶解度低，易在尿道中析出结晶。

（2）注射剂为钠盐，遇酸可析出不溶性结晶，不宜用 5% 葡萄糖溶液稀释。空气中二氧化碳也可以使其析出结晶。

磺胺二甲基嘧啶（SM_2）

【理化性质】 白色或微黄色结晶或粉末，无臭、味微苦，遇光颜色变深。在热乙醇中溶解，在水中或乙醚中几乎不溶，在稀酸或稀碱中溶解。

【作用和用途】 抗菌作用比磺胺嘧啶稍弱，但不良反应小，乙酰化合物的溶解度高，不易出现结晶尿和血尿。本品廉价，有抗球虫作用。

主要用于敏感细菌感染引起的呼吸道、消化道和泌尿生殖道感染。

【用法和用量】 同磺胺嘧啶。

磺胺异噁唑（SIZ）

【别名】 磺胺二甲异噁唑、菌得清、净尿磺。

【作用和用途】 抗菌作用较 SD 强，对葡萄球菌和大肠杆菌的作用都有突出的效果。吸收与排泄都很快，不易维持血中有效浓度，给药时间间隔较短。本品乙酰化率低，尤为适用于泌尿道感染，亦可用于全身性感染。

【用法和用量】 内服：每千克体重首服量 0.2 克，维持量 0.1 克。每天 2~3 次，连用 3~4 天。

磺胺甲噁唑（SMZ）

【别名】 新诺明、新明磺。

【理化性质】 白色结晶性粉末，无臭，不溶于水，平时密封、避光保存。

【作用和用途】 抗菌作用与磺胺-6-甲氧嘧啶相似或稍弱，强于其他磺胺类药物，其抗菌活性与磺胺间甲氧嘧啶相同，居磺胺类药物之首。与抗菌增效剂 TMP 以 5∶1 比例混合使用，其抗菌作用能增数倍及数十倍，且抗菌谱与临床应用范围也相应扩大很多，并且有杀菌作用，疗效近似氯霉素类、四环素等。内服后吸收较慢，排泄也较慢，有效血药浓度维持时间长。但本产品乙酰化率高，且溶解低，易在酸性尿液中析出结晶，造成泌尿道损害。临床上用于敏感菌感染引发的呼吸道疾病、消化道疾病、泌尿生殖道疾病。

【用法和用量】

（1）内服：每千克体重首服量 50~100 毫克，维持量 25~50 毫克。每天 2 次，连用 3~5 天。

（2）复方磺胺甲噁唑片，内服每千克体重首服 40~50 毫克，维持量 20~25 毫克，每天 2 次，连用 3~5 天。

【注意事项】 服用本品易出现血尿、结晶尿，应用时配合服用碳酸氢钠，并给予充足饮水。

磺胺-5-甲氧嘧啶（SMD）

【别名】 磺胺对甲氧嘧啶、长效磺胺、消炎磺。

【理化性质】 白色或微黄色结晶粉末，微溶于水，其钠盐溶于水。应密封、避光保存。

【作用与用途】 抗菌广谱，抗菌作用较 SMM 弱，但副作用小，乙酰化率低，且溶解度高，对泌尿道感染治疗效果好。内服迅速吸收，排泄缓慢，有效血药浓度维持时间长。与抗菌增效剂二甲氧苄氨嘧啶（DVD）以 5∶1 配伍用，对金黄色葡萄球菌、大肠杆菌、变形杆菌的抗菌活性可增强 10～30 倍。与 TMP 联用，增效较其他磺胺类药物效果显著。

临床主要用于敏感菌引起的呼吸道、消化道、皮肤感染及败血症。

【用法和用量】

（1）片剂：每片 0.5 克，内服每千克体重首次用量 0.14～0.2 克，维持量 0.07 克，每天 2 次，连用 3～5 天。

（2）混饲：每千克饲料预防量 0.05～0.1 克，治疗量 0.08～0.2 克。

磺胺间二甲氧嘧啶（SDM）

【别名】 磺胺-2,6-二甲氧嘧啶、磺胺二甲氧嘧啶。

【理化性质】 白色或乳白色结晶性粉末，微溶于水。平时密封保存。

【作用与用途】 抗菌作用与临床疗效与 SD 相似。内服吸收迅速，排泄缓慢，药效维持时间长，体内乙酰化率低，不易引起泌尿道损伤。

本品除了抗菌广谱外，还有抗球虫和抗弓形虫作用。主要用于细菌性疾病、球虫病、弓形虫病的治疗。

【用法与用量】

（1）混饮：每升水 250～500 毫克，连饮 3～4 天。

（2）内服：每千克体重 50～100 毫克，每天 2 次，连用 3～4 天。

三、肠道感染用的磺胺药

磺胺脒（SG）

【别名】 磺胺胍、止泻灵、克痢定、消困定。

【理化性质】 白色结晶粉末，无臭，味微苦。在水中几乎不溶解。

【作用与用途】 内服吸收很少，仅有 20%～30% 被吸收，在肠内可保持高浓度，因此适于治疗肠炎、腹泻等肠道细菌感染。与抗菌增效剂 TMP 或 DVD 合用，其抗菌作用明显增强。

【用法与用量】 每片 0.5 克。内服时每千克体重家兔首次量 0.2 克，维持量 0.1 克，每天 2 次，连用 3～4 天。

酞磺胺噻唑（PST）

【理化性质】 白色或淡黄色结晶粉末。在水中几乎不溶。

【作用与用途】 内服比磺胺脒更难吸收，并在肠内逐渐释放出磺胺噻唑而呈现抑菌作用。本品副作用小，疗效好，主要用于预防肠炎、下痢。

琥珀磺胺噻唑（SST）

【别名】 琥珀酰磺胺噻唑。

【理化性质】 白色或微黄色结晶性粉末。在水里几乎不溶。

【作用与用途】 同酞磺胺噻唑。

【用法与用量】 每片 0.5 克。内服时每千克体重首次用量 0.14～0.2 克，维持量是 0.07～0.1 克，每天 2 次，连用 3～

4 天。

四、二氨基嘧啶类（抗菌增效剂）

本品为合成广谱抑菌药物，抗菌谱与磺胺类药物相似。它们抑菌机制是抑制细菌的二氢叶酸还原酶，使二氢叶酸不能还原为四氢叶酸，从而阻碍细菌蛋白质和核酸的生物合成。当其与磺胺类药物合用时，可分别阻断细胞叶酸代谢的两个不同环节（双重阻碍作用），使磺胺类药物抗菌范围扩大，抗菌作用增强数倍及数十倍，可延缓细菌产生的耐药性。本类产品还对四环素、青霉素、红霉素、庆大霉素等抗生素也产生增效作用。但是，这类药物单独使用时，细菌易产生耐药性，所以临床上无单独使用的。国内常用的有 TMP 和 DVD 两种。

三甲氧苄氨嘧啶（TMP）

【别名】 甲氧苄啶、磺胺增效剂、抗菌增效剂。

【理化性质】 白色或类白色结晶粉末，味苦、不溶于水。易溶于酸性溶液。

【作用和用途】 抗菌谱广，对多数革兰氏阳性菌和革兰氏阴性菌均有抑菌作用。内服或注射后吸收迅速，1～4 小时可达有效血药浓度，但维持时间短，用药后 80%～90% 以原型通过肾脏排出，尿中浓度较高。

临床上主要与磺胺类药物或某些抗生素配伍使用，用以治疗呼吸道、消化道、泌尿生殖道感染及腹膜炎等疾病。

【用法与用量】

（1）复方制剂（本品与磺胺药的比例为 1:5），混饲（以全药总量计算）每 1 000 千克饲料 200～400 克；混饮，每升水 120～200 毫克。

（2）复方制剂（本品与磺胺药的比例为 1:5），内服或肌内注射（以全药总量计算），每千克体重 20～25 毫克，每天 2 次，连用 3～5 天。

【剂型】

（1）片剂：每片 0.1 克；注射剂：2 毫升含药 0.1 克。

（2）复方磺胺嘧啶（双嘧啶）片：每片含本品 0.08 毫克和磺胺嘧啶 0.4 克；复方磺胺甲基异噁唑（复方新诺明）片：每片含本品 0.08 克和磺胺甲基异噁唑 0.4 克；复方磺胺间甲氧嘧啶片：每片含本品 0.08 克和磺胺间甲氧嘧啶 0.4 克。

（3）复方磺胺嘧啶注射液：每支 10 毫升含本品 0.2 克，SD 1 克；复方磺胺甲基异噁唑注射剂：每支 10 毫升含本品 0.2 克，SMZ 1 克；复方磺胺对甲氧嘧啶注射液：每支 10 毫升含 TMP 0.2 克，SMD 1 克。

【注意事项】

（1）本品毒性低，按治疗量长期服用无不良反应，若大剂量服用会导致食欲不振。

（2）孕兔不能使用本品预防或者治疗。

（3）复方注射剂因碱性强，能与多种药物发生配伍禁忌。

二甲氧苄氨嘧啶（DVD）

【别名】　敌菌净。

【理化性质】　白色晶形粉末，无味，微溶于水，在稀盐酸中微溶。

【作用与用途】　抗菌作用和抗菌范围与 TMP 相似，对球虫、弓形虫亦有抑制作用。内服吸收较少，在消化道内保持较高的浓度。常与磺胺药物配伍，用于防止肠道感染性疾病。

【用法和用量】

（1）敌菌净粉：常与磺胺类药物，如 SG、SMD 等按 1∶5 的比例合用。用量按 SM、SMD 的量投药。

（2）复方磺胺喹啉、DVD预剂（5:1组成）：混饲，每100克饲料添加12克。

（3）复方磺胺对甲氧嘧啶预混剂（DVD 1份，SMD 5份组成）：混饲，100千克饲料加24克。

（4）复方磺胺二甲基嘧啶片（由1份DVD、5份SM_2组成）：每千克体重60毫克。

（5）复方磺胺二甲基嘧啶注射液：10毫升含DVD 0.2克，SM_2 1克，肌内注射，以SM_2计每千克体重15~20毫克，每天2次。

第五节 其他抗菌药

一、硝基呋喃类

呋喃类药物是人工合成的广谱抗菌药，对革兰氏阳性菌和革兰氏阴性菌都有较强的杀菌效果，亦有抗球虫作用。性质稳定，细菌对这一类药物较少产生耐药性，抗菌效力不受血液、粪便、脓汁及组织分泌物的影响，外用对组织刺激性较小。此类药物内服后均能由胃肠道吸收，但都不能维持有效血药浓度，故不适于治疗全身感染。对绿脓杆菌、结核杆菌、变形杆菌引起的感染效果差。此类药物毒性大，超大量使用容易中毒，用药时间不能很长，一般不超过两周。呋喃类药物如呋喃唑酮、呋喃西林、呋喃妥因现在已很少用，呋喃唑酮2002年被农业部列入《食品动物禁用的兽药及其他化合物清单》。目前兽药市场上还有产品销售。

呋喃唑酮

【别名】 痢特灵。

【理化性质】 黄色粉末或黄色结晶粉末，无臭，初无味，后味微苦。在氯仿中微溶，在水、乙醇中几乎不溶。

【作用与用途】 本品抗菌谱广，对革兰氏阳性菌和革兰氏阴性菌及原虫均有敌抗作用，如金黄色葡萄球菌、大肠杆菌、痢疾杆菌、沙门杆菌、伤寒杆菌、链球菌等。但对绿脓杆菌、变形杆菌作用较弱。本品低浓度时起抑菌作用，高浓度时则起杀菌作用。在酸性环境中抗菌力强。敏感菌对其不易产生抗药性。口服不易吸收。抗菌机制是抑制乙酰辅酶 A 或脱氧酶而干扰细菌糖代谢的早期阶段。

临床上主要用于肠炎、腹泻、大肠杆菌、魏氏梭菌、沙门杆菌等引起的肠道疾病。

【用法与用量】 内服，每千克体重 10～12 毫克，每天 2 次，连用 3～15 天。

呋喃唑酮预混剂：每 1 000 千克饲料加纯粉 30 克。

【注意事项】

（1）本品毒性是抗生素中较强的，大剂量或长时间连续使用会引起中毒。中毒症状表现为食欲减退或绝食、呕吐、痉挛、腹泻等，长期连续应用能引起出血综合征，因此必须掌握用药剂量和时间。如出现中毒，应立即停药，并用 5% 的葡萄糖溶液、0.01% 高锰酸钾溶液、维生素 B_1、维生素 C 等进行解毒治疗。

（2）服药后尿液呈深黄色。

（3）由于本品在畜牧生产中广泛应用，细菌对其耐药性已经形成，用药时可适当加量，否则效果差，但必须在自己经验的基础上下药，不能盲目加量。

（4）本品不能与喹噁啉类（喹乙醇、痢菌净）、氟喹酮类、磺胺类药物同时应用。

二、喹噁啉类

喹乙醇

【别名】 喹酰胺醇，商品名为倍育诺、快育灵。

【理化性质】 浅黄色晶状粉末，味苦。在热水中溶解，在冷水中微溶，在乙醇中几乎不溶。

【作用与用途】 喹乙醇具有抗菌和促进蛋白质合成的作用，抗菌谱广，对致病性革兰氏阳性菌和革兰氏阴性菌如多杀性巴氏杆菌、大肠杆菌、变形杆菌以及金黄色葡萄球菌、肺炎双球菌等，都有较强的抑菌作用。因本品能促进蛋白质合成，增加氮储量，从而能促进生长期家兔的生长，因此养兔多在幼兔3月龄以前用作添加剂。

饲料中添加本品主要用于促进生长，预防和治疗某些细菌性疾病。喹乙醇与常用抗生素还没有交叉耐药性，对常见致病菌耐药以后仍有杀灭作用。

【用法和用量】

（1）混饲：促进幼兔生长、预防消化道疾病时添加20克/100千克饲料，治疗消化道疾病时添加30克/100千克饲料。

（2）内服：每千克体重10毫克，每天1次。

【注意事项】

（1）喹乙醇在水温高的情况下易溶于水，但水温降低后放置一定时间能析出结晶，因此不可以加热助溶的方法供给家兔混饮。

（2）本品安全范围小，超量易中毒，使用时必须严格控制剂量，混饲、混饮必须搅拌均匀。

乙酰甲喹

【别名】 痢菌净、甲喹甲酮。

【理化作用】 鲜黄色结晶或黄白色粉末，味微苦，颜色遇光变深，微溶于水。

【作用与用途】　为广谱抗菌药，对革兰氏阴性菌的抗菌作用较强。主要用于大肠杆菌、沙门菌等革兰氏阴性菌引起的家兔肠道疾病。

【用法与用量】

（1）内服：每千克体重5～10毫克。

（2）肌内注射：每千克体重3～5毫升，每天两次。

三、其他抗菌药

地美硝唑

【别名】　二甲基咪唑、达美素。

【理化性质】　类白色或微黄色结晶粉末，微溶于水，溶于乙醇。

【作用与用途】　为广谱抗菌药，抗原虫，对多种病原菌、密螺旋体和原虫都有杀灭作用，对组织滴虫作用显著，对球虫、纤毛虫、阿米巴原虫等亦有明显的抑制作用，还有促生长作用，对家兔有促生长、防腹泻作用。

【用法和用量】

（1）混饲：每100千克饲料加20～40克。

（2）混饮：每升水预防量为135毫克，治疗量为270毫克。

（3）内服：每千克体重10～30毫克，每天1次，连用3～5天。

第六节　抗真菌药物

真菌在自然界中广泛存在，真菌感染的病也比较多，特别是家兔，如果兔舍阴暗潮湿，最容易感染真菌皮肤病。家兔患这种病后掉毛严重，皮用兔或毛用兔就失去了它们应有的价值，所以治疗和预防皮肤真菌病也是养兔生产环节中重要的一部分。

兽医临床上用的抗真菌药物来源与用途分以下四种：

（1）抗真菌抗生素，常用的有灰黄霉素、两用霉素 B、制霉菌素等。灰黄霉素仅对表层真菌有效，而其他两种则对深部真菌感染见效。

（2）咪唑类合成抗真菌药，抗菌谱广，对深部真菌和表层真菌感染均见效。毒性低、真菌耐药性产生慢，常用的克霉唑、酮康唑、咪康唑等。

（3）真菌感染外用药，有水杨酸、十一烯酸、苯甲酸等，只对表层真菌感染引起的皮肤感染有效。

（4）饲料防霉剂，有丙酸及丙酸盐、山梨酸钾、苯甲酸钠、柠檬酸等。

一、抗真菌抗生素

灰黄霉素

【别名】 福尔新、癣净。

【理化性质】 白色或类白色细粉末，微溶于水，对热稳定。

【作用与用途】 本品为内服抗浅表真菌感染药，对毛癣菌、小孢子菌和表皮癣菌均有较强的作用，外用不易渗入皮肤，难以取得疗效。临床以内服为主，用以治疗各种表浅癣病。

【用法和用量】 内服，每天每千克体重 10 ~ 29 毫克，分早晚两次内服，连用 15 天。

【注意事项】

（1）该药疗程长短取决于感染部位和病情，需持续用药至病变皮肤或组织完全康复为止，皮癣、毛癣一般为 3 ~ 4 周，趾间、皮肤小片感染需到治愈为止。

（2）用药期间应注意改善兔舍卫生条件，兔舍经常用能杀灭真菌的消毒剂进行消毒，并做到通风干燥。

（3）妊娠期间禁用本药。

制霉菌素

【别名】 米可定、制霉素、耐丝菌素。

【理化性质】 本品由链霉素培养液中分离所得，淡黄色或浅褐色粉末。有吸湿性、有谷物香味。性质不稳定，极易溶于水，略溶于乙醇、甲醇，暴露在光、热、空气中或潮湿状态下会变质，在弱碱性溶液中稳定，当 pH 值达到 9~12 的情况下不稳定。

【作用与用途】 属于广谱抗真菌的多烯类抗真菌药。对全身性深部真菌均有强大的抑菌作用，皮炎芽生菌、组织胞浆菌、新型隐球菌、念珠菌、球孢子菌对本品敏感，曲霉菌耐药，皮肤和毛癣菌等浅表真菌大多耐药。对细菌和其他病原菌体无效。

本品内服不易吸收，几乎全部由粪便排出。肌内注射、静脉注射毒性大，故不用于全身治疗。临床上用内服治疗消化道感染，或外用治疗表面皮肤真菌感染。

【用法和用量】

（1）内服 50 万~100 万单位，每天 3~4 次。

（2）子宫灌注：100 万~200 万单位。

两性霉素 B

【理化性质】 黄色或橙黄色粉末，无臭，无味，有吸湿性，在日光下易被破坏，失去药效。在二甲基亚砜中溶解，在二甲基甲酰胺中微溶，在甲醇中极微溶，在水、无水乙醇、氯仿、乙醚中不溶。在中性或酸性介质中形成盐，其水溶性增高，但抗菌活性下降，其脱氧胆酸钠盐可做注射剂。

【作用与用途】 与制霉菌素相似。

【用法与用量】 静脉注射，每千克体重 0.125~0.5 毫克，隔天 1 次或每周 2 次。

【注意事项】

（1）本品对光、热不稳定，应在 15 ℃以下避光保存。

（2）注射用粉针剂不能用生理盐水稀释，否则会析出沉淀。

（3）剂量过大时会出现发热、精神不振等副作用。在治疗范围内应用低剂量，当无反应时再加大剂量。

（4）本品不能与氨基糖苷类抗生素、咪康唑合用，以免降低药效。

二、合成抗真菌药

克霉唑

【理化性质】 白色结晶、不溶于水，易溶于乙醇和二甲基亚砜。在弱碱溶液中稳定，在酸性溶液中缓慢分解。

【作用和用途】 本品为广谱抗真菌药，对多种致病性真菌有抑制作用，对皮肤真菌的抗菌谱和抗菌效力与灰黄霉素相似，对内脏致病性真菌如白色念珠菌、新型隐球菌、球孢子菌等，均有良好的作用。真菌对本品不易产生抗药性。但内服难吸收，内服可治疗全身性深部真菌感染，即以上所说的一些真菌引起的真菌性败血。对深部严重的真菌感染，宜与两性霉素 B 合用。外用可以治疗浅表真菌感染。

【用法与用量】

（1）内服：片剂，每片 0.25 克，兔每天 0.25 克，分 2 次投喂。

（2）克霉唑软膏，1% 或 3%，外用。

（3）克霉唑癣药水，含量 1.5%，每瓶 8 毫升。

酮康唑

【理化性质】 白色晶粉，溶于酸性溶液。

【作用与用途】 广谱抗真菌药，对白色念珠菌、皮炎芽生菌、球孢子菌、曲霉菌、皮肤真菌，均有抑制作用，疗效优于灰黄霉素和两性霉素 B，且更安全。内服易吸收，适于治疗消化道、呼吸道及全身真菌感染。

【用法与用量】　内服每千克体重 10 毫克，每天 1 次。

【注意事项】　本品在酸性条件下易吸收，不宜与抗酸性药物同时服用。

第五章

抗病毒药物

第一节 概 述

病毒学是病原微生物学的一个分支，目前已知病毒是微生物中最小的单位。它不能独立生存，只有寄生在宿主细胞内才有生命活力、复制增加数量。病毒里只含有一种核酸——脱氧核糖核酸（DNA）或核糖核酸（RNA）。核酸是病毒的遗传物质，它组成病毒的基因组，外面由蛋白质外壳保护。病毒没有独立代谢活力，没有完整的酶系统，也没有能独立生长和繁殖的其他结构，而是利用宿主细胞的酶类和产能机构，并借助宿主细胞核糖体合成蛋白质，甚至直接利用宿主细胞成分。

病毒增殖大致分为五个阶段：①病毒吸附到易感染细胞上；②病毒穿入细胞膜进入细胞内，脱去蛋白质外壳（衣壳）；③核酸复制和合成新病毒成分；④新病毒的组装配合和成熟；⑤新病毒从宿主细胞中释放出来。

病毒引起的疾病在饲养动物传染病中占很大比重，严重的能给养殖业带来严重后果。在家兔生产中，病毒性传染病病种还不多，已经发现的有兔瘟病、传染性水泡性口腔炎（流涎）、仔兔轮状病毒病、兔痘、兔黏液性瘤。除了兔瘟流行性强、发病率高外，其余4种疾病在养殖生产中发病率很低，对养殖业生产威胁不大。兔瘟病毒自然感染只发生于兔，其他畜禽和人都不会感染本病。除哺乳期仔兔外，其余各龄的兔都能感染本病，但不同年龄的兔易感性差异很大，一般是3月龄的青年兔和成年兔易感，3月龄以下的幼兔发病率低。一般新疫区死亡率可以达95%以上，老疫区也达到70%～85%。

过去对兔瘟病主要在防疫，一旦防疫失误发生流行会造成大批死亡。这些年抗病毒药物问世，笔者在兔瘟病发生的兔群中，试验性地使用抗病毒药物，可以降低兔群的死亡率。本书中介绍一些抗病毒药，希望养兔生产中一旦发生兔瘟病，都要应用抗病毒的药治疗，选择出对兔瘟病对症的抗病毒药物，为今后治疗积累经验。

第二节　常用的抗病毒药

黄芪多糖注射液

【别名】　抗病毒1号。

【理化性质】　黄色或黄褐色液体，长久储存或冷冻后有沉淀析出。密封保存。

【作用与用途】　黄芪为益气中药，现测定其有效成分多糖、胆碱和多种维生素，可明显提高人体白细胞诱生干扰素的功能，调节机体免疫力，促进抗体形成。通过调节、诱导干扰素破坏体内病毒合成，起到治疗效果。

在兽医临床上，抗病毒1号可以治疗畜禽的多种病毒性感染疾病。家兔免疫失败出现兔瘟后，与补救免疫注射结合注射抗病毒1号，也都取得了较好的预治效果。

【用法与用量】

（1）肌内注射或口服：每千克体重0.15毫克。

（2）全群饮水：100毫升注射液兑入200千克水中，自由饮用，连饮2~3天。

【注意事项】

（1）本品为中药提取物，提取成分的颜色随季节变化而变化，但不影响药效；在低温保存时如有析出，用80℃左右的水浸泡15分钟，澄清后使用，不影响疗效。

（2）妊娠母兔可以使用，不影响胚胎发育。但不要过量使用。

金刚烷胺

【别名】 盐酸金刚烷胺。

【理化性质】 金刚烷胺为对称的三环葵烷。其盐酸盐为白色结晶或结晶性粉。在水中或乙醇中易溶。20%的水溶液pH值为3.5~5.0。

【作用与用途】 本产品能干扰黏病毒、副黏病毒、被盖病毒的RNA复制，可封闭宿主细胞上的病毒通道，防止病毒进入宿主细胞预防病毒感染，阻止病毒脱壳及核酸释放出来。本品口服后由胃肠道吸收，生物利用度为90%~100%，按每升水加5毫克的量让家兔饮水，2~3小时达到血药浓度峰值，连续用2~3天后达血药浓度的稳定状态。本品的应用无宿主特异性，可做预防兔瘟病毒的实验研究。

【用法与用量】 混饮：治疗量为100升水加入本品2.5克，自由饮用，连用3~5天。

【注意事项】 在饮用治疗和预防期间若兔群中出现神经症状者，应立即停药。

利巴韦林

【别名】 三氮唑核苷、病毒唑。

【理化性质】 为鸟苷类化合物，系白色结晶性粉末。在水中易溶。其2%水溶液的 pH 值应为 4.0 ~ 6.5 。

【作用与用途】　本品对 RNA、DNA 病毒具有广谱抗病毒活性，体外试验能抑制痘病毒、流感病毒、环状病毒、疱疹病毒、水疱性口炎病毒、轮状病毒等。本品进入被病毒感染的细胞后，迅速磷酸化，竞争性抑制病毒合成酶，从而使细胞内鸟苷三磷酸减少，损害病毒 RNA 和蛋白质合成，使病毒复制受抑制。

【用法与用量】　混饮：治疗量每升水 30 毫克，预防量减半，连饮 3 ~ 7 天。

第六章

抗寄生虫药

第一节　抗蠕虫药

抗蠕虫药又称驱虫药，是指能驱除或杀灭寄生在家兔体内的各种蠕虫的一类药物，分驱线虫药、驱绦虫药和驱吸虫药。在驱虫时，对有中间宿主的蠕虫还必须采取综合措施，切断终末宿主与中间宿主的联系，避免其流行和发展，保证驱虫效果。

一、驱线虫药

左旋咪唑

【别名】　左咪唑、左噻咪唑、驱钩蛔、驱虫速。

【理化性质】　盐酸左旋咪唑或磷酸左旋咪唑均为白色或淡黄色针状结晶或结晶状粉末，无臭，无味，易溶于水。在碱性溶液中分解失效。

【作用与用途】　本品驱虫谱广、高效、低毒、使用方便，对胃肠道线虫、肺线虫、肾虫等多种线虫都有驱除作用。对成虫和幼虫均有驱除效果。本药驱虫机制：通过抑制虫体肌肉中的琥珀酸脱氧酶，使延胡索酸不能还原为琥珀酸，影响虫体无氧代谢，从而使虫体肌肉麻痹，然后随粪便排出宿主体外。

【用法与用量】

（1）内服、混饮或混饲：每千克体重 8 毫克。水溶液保存 12 天不失效。

（2）肌内或皮下注射：每千克体重 7.5 毫克。

【注意事项】 应用本品若出现中毒症状时（呼吸困难、心率变慢），可用阿托品解毒；妊娠兔禁用。

四咪唑

【别名】 噻咪唑、驱虫净。

【理化性质】 消旋混合物，常用其盐酸盐。盐酸四咪唑为白色或微黄色结晶性粉末。无臭，味苦，极易溶于水。

【作用与用途】 本品为广谱驱虫药，驱虫范围与左旋咪唑基本相同，驱虫活性约为左旋咪唑的 1/20，用于驱除家兔肠道线虫，但以驱蛔虫效果最好。

【用法与用量】

（1）内服：每千克体重 10～20 毫克。

（2）皮下或肌内注射：每千克体重 10～12 毫克。

精制敌百虫

【理化性质】 白色结晶或结晶性粉末，在空气中易吸湿，结块，稀溶液易水解、性质不稳定，遇碱迅速变质。本品在水、乙醇、醚、酮及苯中溶解，在煤油、汽油中微溶。

【作用与用途】 本品不仅对家畜消化道线虫有效，而且对姜片吸虫、血吸虫也有一定效果。此外，还用于防治体外寄生虫病。

敌百虫属于有机磷化合物，抗虫机制是能与虫体的胆碱酯酶相结合，使乙酰胆碱大量蓄积，从而使虫体神经肌肉功能失常，先兴奋，后麻痹，直至死亡。另外，由于本品对宿主胆碱酯酶活性也有抑制作用，使胃肠的蠕动增强，加速虫体排出体外。

体外喷洒常用以杀灭蚧螨、体虱、蜱、蝇、蚊等体外寄生虫。

【用法与用量】

（1）内服：每千克体重 50～100 毫克。

（2）外用：治疗体外寄生虫时可配成 1%～3% 溶液，涂于患部皮肤或喷于体表。每次涂于体表面积不能过大。

【注意事项】 本品遇碱性药物或溶液生成毒性更强的敌敌畏，故不能与碱性药物配伍。

阿苯达唑

【别名】 阿苯唑、丙硫咪唑、丙硫苯咪唑、抗蠕敏。

【理化性质】 白色或类白色粉末，无臭，无味，在丙酮或氯仿中微溶，在乙醇中几乎不溶，在水中不溶，在冰醋酸中溶解。

【作用与用途】 本品是在我国兽医临床上使用最广泛的苯并咪唑类驱虫药，也是一种新型苯并咪唑类驱虫药，具有广谱、高效、低毒特性。对多数蠕虫感染、如肠道线虫、肺丝虫、绦虫均有很好的疗效，尤其对蛔虫、鞭虫效果更好，其幼虫也随之减少。本品对囊毛蚴有较强的杀灭作用。虫体吸收较快，毒副作用小，是治疗囊毛蚴效果很好的药物。其杀虫机制是抑制虫体延胡索酸还原酶，阻止虫体能量的生成。

【用法与用量】

（1）内服：每千克体重 10～15 毫克。

（2）驱除囊虫：每千克体重 10～20 毫克，第一次服药后，隔天 1 次，连用 3 次，疗效达 100%。

【注意事项】

（1）兔妊娠期禁止使用。

（2）我国推荐的剂量比欧美推荐的剂量（5.0～7.5 毫克/千

克体重）高，应用时不要随意加大剂量，否则会引起中毒。

阿维菌素

【理化性质】 白色或淡黄色粉末，无味。本品在醋酸乙酯、丙酸、氯仿中易溶，在甲醛、乙酸中微溶，在水中几乎不溶。

【作用与用途】 本品为广谱、高效、低毒的抗生素类灭虫药，对体内外寄生虫，特别是线虫和节肢动物均有良好的杀灭作用，但对绦虫、吸虫及原虫无效。

养兔生产中常用其预防和治疗兔疥癣病。

【用法与用量】

（1）内服：每千克体重 0.2 毫克。

（2）皮下注射：每千克体重 0.2 毫克。

（3）预防性注射：每季度注射一次，每千克体重 0.3 毫克，可降低疥癣病发病率。

【剂型】

（1）阿维菌素粉：每袋 50 克，含纯药粉 0.5 克或 1 克。

（2）阿维菌素注射液每支 5 毫升，含纯药粉 50 毫克；或每支 25 毫升，含纯药粉 250 毫克。

伊维菌素

【理化性质】 白色结晶性粉末，无味，不溶于水。

【作用与用途】 同阿维菌素。

【用法与用量】

（1）预混剂：每袋 1 千克含伊维菌素纯粉 6 克。内服时，每千克体重兔按 0.2 ~ 0.3 毫克。

（2）伊维菌素注射液：每支 1 毫升，含纯粉 10 毫克。或每支 2 毫升，含纯粉 20 毫克。皮下注射时，家兔每千克体重 0.2 毫克。

阿福丁

【别名】 虫克星。

【作用与用途】 抗生素类灭虫、杀螨剂。1994 年由我国研制合成。与由美国进口同类产品伊福丁效果相当。对家畜、家禽等多种动物体内的多种线虫和体外寄生虫都有很强的驱杀作用。驱虫率95%～100%，且药效持久，可持续 6 个月左右。无抗药性，安全性高，经 28 天体内代谢后无残留；有促进生长的作用，改善毛皮状态；使用方便，内外兼治，多用于珍贵毛皮动物。

【用法与用量】

（1）阿福丁针剂：颈部皮下注射时兔每千克体重0.02 毫升。

（2）阿福丁粉剂：灌服或混饲每千克体重 0.1 克。

【注意事项】 用药后部分个体有下痢等不良反应，不治自愈。个体瘦弱的可暂缓用药，以免产生较大的副作用。

二、抗球虫药

球虫病是一种危害严重的急性流行性原虫病，所有畜禽都可以感染。尤以雏鸡和幼兔受害最为严重，对其他动物危害轻微或无明显症状。家禽和特种珍禽均可感染得病，3～6 周龄的雏禽发病率高、死亡率高；3 月龄以下的幼兔发病率高，死亡率也高。

引起雏鸡和幼兔发病的球虫主要是艾美耳（Eimtria）属的九种，它们多寄生于小肠，其中以寄生在鸡盲肠上皮细胞内和寄生于兔肝与胆管上皮细胞内的球虫危害最大，暴发时可大批死亡。慢性者生长发育受阻，生产性能下降，造成生产场严重损失。

应用抗球虫药是控制球虫病的重要手段之一，目前已知的抗球虫药有 100 多种，抗球虫活性有强有弱，但效果比较好的为数不多。

（一）抗球虫药的作用

抗球虫药作用于球虫发育的不同阶段。目前所知，所有抗球虫药物发挥作用的最佳时期都在球虫发育的第一或第二无性繁殖期，此时抗球虫药物作用最强；没有一种药物是作用于球虫的有性周期，因而在实际应用中，为了更有效地驱除球虫，抗球虫药必须用作预防，而不是治疗。一般来说，作用第一代裂殖生殖药预防性强，但不利于动物对球虫免疫力的形成；作用第二代裂殖生殖的药物，即有一定的疗效，但对动物抗球虫免疫力的形成影响不大。

（二）不良反应

所有抗球虫药物对动物体都有一定程度的不良反应，如生长抑制、饲料报酬降低、产品质量下降，严重的出现中毒现象。

目前使用的抗球虫药物有数种可在一定程度上影响兔体对球虫病的免疫力，如拉沙洛西、莫能霉素、氯羟吡啶的免疫力抑制作用较强或中等强度，而盐霉素、氨丙啉的免疫力抑制作用较轻，使用时应加以选择。

（三）耐药性

球虫对所有抗球虫药物均可产生耐药性，但耐药性产生的快慢有所不同。在具体应用中为防止耐药性产生，可以采取以下几种给药方案：幼兔批量生产时采取调换给药方案，第一种抗球虫药用一段时间后换成另外一种抗球虫药再用一段时间，再换过来或换第三种抗球虫药物；或联合用药。

（四）兔球虫病的综合防治

球虫的生物学特征和卵囊结构，决定了它们对消毒药和外界环境因素有很强的抵抗力。一般消毒药物不起作用，只有一些小分子化合物如 10% 氨水、5.7% 二硫化碳等才能抑制虫卵囊发育。研究证明，肥皂、苯酚、煤油按 5∶5∶10 混合成乳剂，再加水 100 毫升，对卵囊孢子化有 100% 抑制作用，且能破坏大部分卵囊。

另外，球虫卵囊对热极敏感，75 ℃的温度下 3 ~ 5 分钟即杀死卵囊。兔场有卫生防疫习惯的，坚持扫出兔舍的兔粪并及时堆积发酵，可减少粪便中的球虫卵囊在兔场扩散。

1. 药物防治 药物防治是防治球虫的一项主要措施。好的球虫药具备广谱、高效、低毒、安全、残留量少、残留期短、不易产生耐药性以及不影响家兔免疫力的产生等条件。规模养兔场应认真选择几种符合上述条件的抗球虫药。

2. 免疫保护措施 球虫感染免疫对防止球虫病的发生有很大的作用。一般情况下，易感动物从外界环境中摄入少量卵囊而使自身获得免疫保护，这是一种天然主动免疫。人工主动免疫的方法是采用球虫卵囊苗和球虫抗原苗进行接种。养鸡生产已用球虫卵囊制成弱毒苗应用到养肉鸡和养蛋鸡。而兔的生产中尚无用兔球虫生产过球虫疫苗，这是养兔科学研究中的公关项目及今后努力的方向，一旦这一问题解决，防止兔球虫病就简单化了。可以有效地控制兔的球虫病。

3. 增加抗病力的措施 防治球虫病是防止发生球虫病，减少死亡损失的措施之一。加强饲养管理、合理的饲料配方和全价营养、转变饲养方法，变地面平养为立体笼养，也可以大大降低兔球虫病发生。在发病时加强饲养管理，适当增加维生素 A 和维生素 K 的用量，可以减轻症状，降低死亡率。

（五）合成抗球虫药

盐酸氯苯胍
【别名】 盐酸罗本尼丁。
【理化性质】 白色或淡黄色粉末。易溶于水。
【作用与用途】 具有疗效高、毒性小、适口性好等特点，对兔急性或慢性球虫病都有良好的效果，对其他药物耐药性的球虫也很有效。其防治效果优于其他常用抗球虫药。作用峰值在感染后的第 2～3 天，主要对第一期裂殖体有抑制作用，对第二期裂殖体、子孢子也有作用，并且还可以抑制卵囊发育。但个别球虫在氯苯胍存在的情况下仍能生长达 14 天之久，因此过早停药可使球虫病复发。

【用法与用量】

（1）盐酸氯苯胍预混剂：每袋（瓶）100 克含纯药粉 10 克，或 500 克含纯药粉 50 克。混饲时每 100 千克饲料预防量为 33 克，治疗量为 66 克。

（2）盐酸氯苯胍片：每片含 10 毫克。内服时每千克体重 10～15 毫克。

【注意事项】 长期使用会出现药效降低，使用 1 月左右后就要换另一种驱虫药，并与其交替使用。

氯羟吡啶

【别名】 克球粉、灭球清、球啶、广球灵。

【理化性质】 白色或类白色结晶粉末。不溶于水，性质稳定，可与各种饲料混合使用。

【作用与用途】 本品对 9 种艾美尔球虫均有良好效果，特别是柔嫩艾美尔、毒害艾美尔球虫作用最强。其作用峰值在感染后第一天，主要作用于球虫无性繁殖初期，抑制子孢子及第一代裂殖体的发育。因此，可在感染前或感染时就开始用药，做预防或早期治疗，才能充分发挥其作用。

【用法与用量】 预混剂：含纯药粉 25%，混饲时预防量 0.013%，治疗量 0.025%。

【注意事项】 应连续用药；有免疫抑制作用和药物残留，出口的肉兔不要用本品防球虫。

尼卡巴嗪

【别名】 球虫净，杀球宁。

【理化性质】 淡黄色粉末，几乎无味。微溶于水。为二硝基苯脲与二甲嘧啶酚等的分子复合物，故又名双硝苯脲二甲嘧啶醇。

【作用与用途】 尼卡巴嗪对鸡球虫作用特别强，预防鸡球虫用得比较多，效果很好，养兔上用得还不普遍。作用峰值应是感染后的第四天，即对第二代裂殖体作用最强，即杀球虫作用比抑球虫作用更强。养兔中在治疗球虫病时不如采用本药。因为对其他抗球虫药有耐药性的对本药仍然有效。

【用法与用量】 尼卡巴嗪预混剂：每袋（或瓶）100 克，含纯粉 20 克，混饲，预防量按纯品药量为 0.012 5%，治疗量按纯品药的 0.025%。

常山酮

【别名】 卤夫酮、海乐福精等。

【理化性质】 常用其氢溴酸盐。是从中药常山中提取的一种生物碱，为白色或灰白色结晶性粉末，性质稳定。

【作用与用途】 广谱、高效抗球虫药，在兔、鸡中都广泛应用，对多种球虫都有效，对柔嫩、毒害艾美尔球虫作用最强。本品对球虫的子孢子、第一代裂殖体、第二代裂殖体均有明显的抑杀作用，因而能防止早期病过程的发展，使肠道保持正常的收缩过程，从而保持良好的增重效果。本品与其他抗球虫药无交叉耐药性。

【用法与用量】 常山酮预混剂 0.6%，混饲时按饲料的 0.000 2% ~ 0.000 3% 添加。

地克珠利

【别名】　杀球灵。

【理化性质】　微黄色至深棕色粉末。不溶于水，性质稳定。

【作用与用途】　它是一种新型、高效、低毒的抗球虫药，是目前抗球虫药中用药浓度最低的一种。对柔嫩、堆型艾美尔球虫防治效果优于其他抗球虫药。本品药效期较短，停药1天抗虫效果明显减弱，两天后抗虫作用基本消失，因此必须连续用药，以防球虫病复发。其作用峰值在子孢子和第一代裂殖体早期阶段。兼具促生长和提高饲料转化率的作用。

【用法与用量】

（1）地克珠利预混剂：100克含纯粉0.2克或100克含纯粉0.5克。混饲时按每千克饲料1毫克加入，混饮时按1升水0.5毫克加入。

（2）地克珠利混饮剂：含量0.5%。混用时用水稀释5 000～10 000倍。

二硝托胺

【别名】　球痢灵。

【理化性质】　无色结晶粉末，性质稳定，难溶于水。

【作用与用途】　对毒害、柔嫩、布氏、巨型艾美耳球虫病均有良好的防治效果，特别是对小肠最有致病性的毒性艾美尔球虫效果最好。其作用峰值在感染后的第3天，主要是抑制球虫第二个无性周期裂殖芽孢的增殖。本品的优点主要是球虫对其不易产生耐药性，不影响动物机体对球虫产生免疫力。代谢迅速、残留极少。

【用法与用量】　预混剂：每袋或每瓶100克，含二硝托胺纯粉25克，或每袋500克，含二硝托胺纯粉125克。混饲时，预防量为饲料的0.012 5%，治疗量为饲料的0.025%。

（六）抗生素类抗球虫药

聚醚离子载体类抗生素是近 10 年抗球虫药物开发研究的一个最活跃的领域。这类药物主要作用于球虫的内生性发育阶段，有杀死球虫子孢子的作用，停药后很少或不出现球虫病发作，一般没有严重的耐药性。这一类抗生素还有改善增重和提高饲料利用率的作用。例如，盐霉素还可作畜禽生长促进剂。但此类抗生素对动物有很大的毒性，使用时应严格掌握用药剂量，防止发生中毒现象。

盐霉素

【别名】 沙利霉素、球虫粉。

【理化性质】 白色至淡黄色结晶性粉末。不溶于水，其钠盐易溶于水。

【作用与用途】 盐霉素具有很强的抗球虫活性，对多种球虫均有强大作用。0.006% 的浓度抗球虫活性与莫能菌素 0.01%、常山酮 0.000 3% 大致相当。作用峰值在感染后 1～2 天，对无性繁殖的早期裂殖体有较强的作用。本品有抗菌活性，对大多数革兰氏阳性菌有杀灭作用，对某些霉菌也有作用，且有提高饲料报酬、促进生长发育、缓解热应激等作用。

【用法与用量】 盐霉素钠预混：每袋 100 克，含盐霉素钠纯粉 10 克，或每袋 500 克含其纯粉 50 克。混饲时每千克饲料 5～7 毫克，即 100 千克饲料添加盐霉素纯粉 0.5～0.7 克。

【注意事项】 使用本品时间过长或混饲浓度超过 0.001%（100 千克饲料加纯粉 1 克以上）可明显抑制免疫机能，并会出现毒性反应，病兔精神沉郁、不吃食。本品禁止与泰乐菌素、泰妙菌素、竹桃霉素及其他抗球虫药配伍。

莫能霉素

【别名】　莫能辛、莫能星、牧宁霉素。

【理化性质】　其钠盐为淡黄色粗粉，性质稳定。

【作用与用途】　本品是广谱抗球虫类药物，对多种艾美尔球虫均有抑制作用，其作用峰值在感染后第二天，主要是抑制第一代裂殖体。另外，本品还有较强的抗菌作用，如对金黄色葡萄球菌、链球菌等革兰阳性菌有较高的抗菌活性，并能促进动物的生长发育，提高饲料利用率。

【用法与用量】　预混剂：莫能霉素含量为 20%。混饲时以纯粉计算占饲料的 0.007% ~ 0.012%。

【注意事项】　本品禁止与地美硝唑、泰乐菌素、泰妙菌素、竹桃霉素等同时使用，否则有中毒危险。

拉拉洛西

【别名】　沙拉洛菌素、沙拉霉素、球安。

【理化性质】　本品为结晶性粉末。不溶于水，其钠盐易溶于水。

【作用与用途】　本品具有广谱、高效抗球虫活性，但对堆型艾美尔球虫作用较差，对柔嫩型、毒害型、巨型、变位型艾美尔球虫作用超过莫能霉素。应用本品能明显改善饲料利用率和兔的增重率。在所有抗球虫药中免疫抑制作用最强。

【用法和用量】　预混剂：每 100 克预混剂含沙拉洛西钠 15 克，混饲时兔用含沙拉洛西钠 0.007 5% ~ 0.125%。

马杜霉素

【别名】　麦杜拉霉素、抗球王、加福、球杀死。

【理化性质】　其铵盐为黄色至淡黄色粉末。不溶于水。

【作用与用途】　本品是迄今为止发现的抗球虫活性最高的

一种聚醚离子载体类抗生素。对多种球虫均有很强的作用，且具有促进生长、提高饲料转化率的作用。其作用峰值在感染后的第1~2天，主要抑制第一代裂殖体。

【用法与用量】 预混剂：每袋100克，含马杜霉素铵1克。混饲时在饲料中含纯粉量为0.000 5%，即100千克饲料加马杜霉素铵0.5克。

【注意事项】 本品毒性较强，在饲料中加至0.000 6%以上混饲，对畜、禽的生长就有明显的抑制作用，不能改善饲料报酬。不能与泰妙菌素同时应用。

第二节　杀虫药

杀虫药是指具有杀灭体外寄生虫作用的药物，例如杀灭体虱、蚤、螨、蜱、蝇、蚊等害虫的药物。这类药物虽然能有效地杀灭这些害虫，但对人畜也有较强的毒性，甚至在规定用量范围内也会出现不同程度的不良反应。因此，在选用杀虫药之前，必须先了解和掌握药物的性质、作用特点、对人畜毒性和中毒后的解救措施等。选用杀虫药应选国内已注册登记的、有关部门已批准使用的品种，不可用一般农药作为杀虫药。在产品质量上，要求有较高的纯度和极少的杂质，在使用上要选择敏感的杀虫药，并采取适宜的使用方法，严格控制使用浓度，做到既能有很好的杀虫效果又不影响人畜健康。

一、有机磷杀虫药

敌敌畏
【理化性质】 淡黄色透明油状液体，稍带芳香味。易挥发，微溶于水。在水中易分解，在碱性溶液中分解更快。市场销售的为含量50%的产品，也有含量80%的产品。

【作用与用途】 具有驱虫作用和杀虫作用。

(1) 驱虫：对蛔虫、食道口线虫、毛首线虫等。在每千克体重 10~29 毫克剂量下具有较高疗效。其作用机制与敌百虫相似，即敌敌畏能与虫体胆碱酯酶结合，使乙酰胆碱大量蓄积，从而使虫体神经肌肉功能失常，先兴奋、后麻痹，直至死亡。

(2) 杀虫：本产品是一种高效、广谱、速效杀虫剂，杀虫效力比敌百虫强 8~10 倍，科学配制可杀灭多种体外寄生虫。

【用法与用量】 杀灭兔及其他畜禽体外寄生虫，配成 0.1%~0.4% 的浓度，局部涂擦或喷洒。

【注意事项】

(1) 本品毒性又比敌百虫高 6~10 倍，无论对人还是家畜都有毒，还容易通过皮肤吸收，使用时应特别注意。另外，用过敌敌畏不可同时或数日之内再用胆碱酯酶抑制剂。

(2) 使用敌敌畏药液时，应避免污染环境，以及饮水、饲料、食具、用具等。

(3) 发生中毒时，主要表现瞳孔缩小、流涎、呼吸困难等，应迅速注射阿托品、解磷定进行解毒。

辛硫磷

【理化性质】 纯品为无色或淡黄色油状液体，无特臭，工业品为棕红色油状液体，农药为 50% 的乳油，微溶于水。在碱性溶液中分解较快，在酸性溶液中稳定。应避光、密闭保存。

【作用与用途】 为广谱、高效、低毒、残效期长的新型有机磷杀虫药。以触杀为主，也有胃毒作用。对人畜毒性较低。对蝇、蚊、螨、虱有速杀作用，效果仅次于敌敌畏和胺菊酯。适用于杀灭体表寄生虫和室内喷洒杀灭蝇、蚊、臭虫、蟑螂等。

【用法与用量】 治疗兔螨虫病，可用其 0.1% 油剂涂抹患处，连用 3 天可见明显效果。

二嗪农

【别名】 地亚农、螨净、嘧啶基硫化磷酸盐。

【理化性质】 无色油状液体，难溶于水。其制剂二嗪农溶液（螨净）由二嗪农加乳剂和溶剂制成，含二嗪农 25%。为淡黄色或黄棕色澄明液体。

【作用与用途】 本品为新型、广谱、高效有机磷杀虫剂。对螨虫等体表寄生虫有很强的杀灭作用。因对毛皮有较强的附着力，一次用药可保持较长时间的杀虫作用。其作用机制在于抑制虫体的胆碱酯酶，而致虫体内乙酰胆碱蓄积增多，引起虫体死亡。

【用法与用量】 主要用于治疗家兔体表蚧螨病。可将 25% 的原菌液 2 毫升加在 100 毫克植物油内，混合均匀装在棕色瓶中保存待用。用时用温水浸泡患部痂，待软后揭去痂，用棉签蘸油剂涂抹患处，每天 1 次，连抹 3 天。

二、除虫菊酯类杀虫药

二氯苯醚菊酯

【别名】 除虫清、氯菊酯、二氯苄菊酯、百灭宁、二氯菊酯。

【理化性质】 淡黄色油状液体，有芳香味，不溶于水，能溶于乙醇、丙醇、二甲苯等有机溶剂。对光稳定，残效期长，但在碱性溶液中易水解。

【作用与用途】 本品为高效、速效、无残留、不污染环境的广谱、低毒杀虫药。对多种体表和环境中的害虫，如螨、蜱、虱、虻、蚊、蝇、蟑螂等具有较强的触杀及胃毒杀作用，击倒作用强，杀虫速度快，杀虫效力高。使用一次效力可达数周。室内杀蝇效力可维持 1~3 个月。

本品对人几乎无毒，进入动物体内能迅速代谢降解。主要用于驱杀体表寄生虫，可防治螨、蜱、虱、蝇引起的各类体外寄生虫病，也用于杀灭环境中的昆虫。

【用法与用量】　稀释成 0.125% ~ 0.5% 溶液，喷雾可以杀螨；稀释为 0.1% 的溶液可杀灭体虱、蚊蝇。

胺菊酯

【理化性质】　白色结晶性粉末，不溶于水，性质稳定，但在碱性溶液中易分解，酸也可使本品分解。

【作用与用途】　本品对蚊、蝇、虱、螨等都有杀灭作用。对各类昆虫击倒速度位于除虫菊酯类杀虫药之首，但部分昆虫被击倒后又可以复活。与击倒昆虫作用慢的杀虫药联用效果较好，因为它们有快慢互补作用。

本品对人、畜无害和刺激性。

【用法与用量】　可以用含 0.25% 胺菊酯、0.12% 苄呋菊酯混合用于喷雾杀虫。

三、其他杀虫药

双甲脒

【别名】　双虫脒、螨克。

【理化性质】　白色或淡黄色结晶性粉末，几乎不溶于水。

【作用与用途】　本品是一种人工合成的新型接触性杀虫剂，对体外多种寄生虫，如螨、虱、蚤、蚊、蝇等昆虫有良好的杀灭作用。杀虫谱广，对人畜安全。常用制剂为双甲脒乳油，浓度为 12.5%，即 100 毫升双甲脒乳油含双甲脒 12.5 克。

【用法与用量】　常用浓度为 4 毫升/升，进行体表喷雾或涂擦。家兔可用本品 1 毫升加入 250 毫升植物油中混合，涂擦疥癣患部。

三氯杀虫酯

【理化性质】 白色结晶体。无特殊气味，不溶于水，易溶于丙酮有机溶剂。在中性或弱酸性溶液中较稳定，在碱性溶液中溶解。

【作用与用途】 本品具有高效、低毒、易降解的特点。可替代滴滴涕。以触杀、熏蒸作用为主。对蚊、蝇和体表寄生虫均有良好杀灭作用。其速杀效力类同除虫菊酯，优于滴滴涕，对有机氯或有机磷已产生抗药性的蚊、蝇仍有杀灭作用。试验证明，1毫克/升的浓度喷雾，24小时后蚊子幼虫全部死亡。主要用于驱杀兔舍及环境中蚊蝇及兔体表虱、螨、蜱、蚤等。

【用法与用量】 喷雾法：加水稀释成1%的浓度，按每平方米0.4毫升喷雾。

喷洒体表：稀释成1%乳剂喷洒有蜱、虱的个体体表。

第七章

性激素类药物

　　性激素类药物特别是高等动物下丘脑、脑下垂体、卵泡等分泌的激素，它们产生的部位不同，针对的靶器官也是不同的，起的作用也不相同。丘脑下部分泌的促卵泡释放因子（FSH－RF），作用的靶器官为腺垂体，促进腺垂体分泌出卵泡生长素；分泌的促黄体素释放因子（LH－RH. GnRH），作用的靶器官也是腺垂体，促进腺垂体分泌黄体生成素（LH）。腺垂体产生的激素有垂体促卵泡素（FSH）和垂体促黄体素。它们的靶器官都是卵巢，促进卵巢上未成熟的卵泡加快成熟。卵泡成熟后产生雌酮、雌二醇等雌性激素，它的靶器官为阴道黏膜、子宫黏膜，促进母兔发情。所以形成一个性激素作用的生殖轴线。

$$下丘脑 \xrightarrow[\text{分泌}]{\text{FSH－RF、LH－RH、GnRH}} 腺垂体 \xrightarrow[\text{分泌}]{\text{FSH、LH}} 卵巢（卵泡）$$

$$\xrightarrow[\text{分泌}]{\text{雌二醇、雌酮}} 阴道、子宫$$

　　很多人不懂性激素的应用，注射了雌性激素母兔也发情，但是受配后大部分母兔不孕。这是由于雌性激素的产品如雌二醇和乙酰雌酚给母兔注射，刺激了阴道和子宫，很快发情，但是卵巢上的卵泡并没有发育、成熟，交配没能促进排卵，所以虽然配种了，但没有妊娠。如果催情使母兔怀孕，注射的产品必须是垂体前叶分泌的促卵泡素（FSH）和促黄体素（LH），以及同类产品孕马血清促性腺激素（PMSG）和人绒毛膜促性腺激素（HCG）。因此它们作用的靶器官是卵巢。注射后能刺激未成熟卵泡迅速成熟，由成熟卵泡中产生的雌性激素促进母兔发情。这时母兔经过爬跨刺激卵子排出，可以正常受孕。所以，把这类药物分为两大类，即促性腺激素和性激素。做催情时要用促性腺激素。

第一节　促性腺激素

垂体促卵泡素（FSH）

【别名】　促卵泡素、促卵泡素、卵泡刺激素。

【理化性质】　由高等哺乳动物脑垂体前叶提取的一种促性腺激素，为白色或类白色的冻干块状物或粉末，应密封、冷暗处保存。

【作用与用途】　主要作用是促进卵泡的生长发育，与少量促黄体素合用，可促进卵泡分泌雌激素，使母畜发情；与大剂量促黄体素联用，能促进卵泡成熟和排卵。本品也能促进公畜精原细胞增加，在促黄体素的协同下，可促进精子的形成和成熟。

主要用于母兔繁殖功能障碍，例如卵巢功能减退、卵巢静止、卵泡停止发育、卵巢萎缩或持久黄体等。还可用于提高公兔精子密度。

【用法与用量】　注射用垂体促卵泡素，每支100国际单位、200国际单位。肌内注射繁殖母兔（4~5千克）每次注射10~15国际单位。隔天1次，可连用2次。

垂体促黄体素（LH）

【理化性质】　由高等哺乳动物脑下垂体前叶提取的一种促

性腺素，为白色或类白色冻干块状物或粉末。应密封在冷暗处保存。

【作用与用途】　在促卵泡素作用的基础上，可促进母兔卵泡成熟，并促进雌性激素的分泌，引起母兔发情和促使成熟卵泡排卵。卵泡在排卵后形成黄体，分泌黄体酮，具有早起安胎作用。此外，对公兔有促进睾丸间质细胞的生理功能，增加睾丸酮的分泌，提高公兔性欲，促进精子成熟，增加精液量。

用于治疗母兔发情周期延长，甚至不发情、不孕等；公兔性欲不强，精液量少，精子密度小等症状的治疗。

【用法和用量】　注射用黄体素每支 100 国际单位、200 国际单位。

肌内注射，每次 5 ~ 10 国际单位。每次稀释后当天用完。

孕马血清促性腺激素（PMSG）

【别名】　血促性素。

【理化性质】　提纯品是由怀孕 2 ~ 5 个月的母马血清中提取的，为白色、无臭粉末。在没有纯品的情况下，可用怀孕 2 ~ 5 个月的马血液或血清代替。

【作用与用途】　与垂体促卵泡素的作用相似，可促进卵泡的发育和成熟。并引起母兔发情。但也有较弱的垂体促黄体素的作用，可促使成熟的卵泡排卵。对公兔主要表现为促黄体素的作用，促进雄性激素的分泌，提高性欲。

在养兔生产中主要治疗母兔不发情，卵巢功能障碍引起的不孕症，能促进超数排卵，促进多胎，增加产子数量。

【用法与用量】　兽用精制孕马血清促性腺激素粉针剂：每支 400 国际单位、1 000 国际单位、3 000 国际单位。

肌内或皮下注射，家兔每只 150 ~ 200 国际单位，第一次注射后，隔天再注射绒毛膜促性腺激素。

绒毛膜促性腺激素（HCG）

【别名】 绒促性素、人绒毛膜促性腺激素、普罗兰绒毛膜激素。

【理化性质】 由初孕妇女尿液中提取的一种水溶性糖蛋白激素，为白色或灰白色粉末，易溶于水，其溶液为无色或微黄色。

【作用与用途】 本品能促进成熟的卵泡排卵和排卵后形成黄体。当排卵发生障碍时，可促进排卵、交配后受孕，提高受孕率。大剂量使用，可延长黄体的存在时间，并能短时间里刺激卵巢，使其分泌雌性激素，引起发情。能促进公兔睾丸间质细胞分泌雄性激素。

养兔生产中用于促进排卵、提高受胎率，同时可治疗卵巢囊肿、习惯性流产。

【用法与用量】 绒毛膜促性腺激素粉针剂，每支 500 国际单位、1 000 国际单位。临床应用为肌内注射，家兔每只每次 150～200 国际单位。

【注意事项】 未成熟的卵泡则不能促进其排卵，用药无效。

第二节　性激素类药物

由动物性腺分泌的一些固醇类激素，包括雌性激素、孕激素和雄性激素。目前兽医临床应用的性激素均为人工合成品及其衍生物。

一、雌激素

己烯雌酚

【理化性质】 无色结晶或白色结晶性粉末，无臭、不溶于水、能溶于乙醇和油。

【作用与用途】　能促进家兔发情、接受公兔交配，能使子宫内膜增厚，有利于胚胎着床。但是不能促进卵巢上未成熟的卵泡发育，所以单独使用己烯雌酚催情发情，受配情况很好，但是准胎率很低。

小剂量使用己烯雌酚能促进垂体前叶催乳素的分泌，促进泌乳，大剂量则抑制泌乳。

临床可以用于已发情但拒配的母兔接受交配，亦用于治疗母兔子宫内膜炎、子宫蓄脓、胎衣不下及死胎滞留。

【用法与用量】

（1）己烯雌酚片，口服：0.3~0.5毫克/次。

（2）注射液，肌内注射：0.3~0.5毫克/次。

雌二醇

【别名】　求偶二醇。

【理化性质】　白色结晶性粉末，难溶于水，易溶于油。

【作用与用途】　作用同己烯雌酚，但其活性较己烯雌酚强10~20倍。

【用法与用量】

（1）苯甲酸雌二醇注射液，肌内注射，0.3~0.5毫克/次。

（2）三合激素注射液：每毫升含丙酸睾丸素25毫克、黄体酮12.5毫克、苯甲酸雌二醇1.5毫克。用于诱导发情和同期发情。对乳房炎和子宫内膜炎也有疗效。

肌内注射：诱导发情和同步发情每只0.4毫升/次；用于子宫内膜炎、乳房炎治疗，每次2~3毫升/次。

二、孕激素

黄体酮

【别名】 孕酮。

【理化性质】 白色或微黄色结晶性粉末，无臭，无味，不溶于水，能溶于乙醇和油。

【作用与用途】 能促进受配后的母兔子宫内膜充血，增厚，腺体生长，由增生期转入分泌期，为受精卵的着床做好准备。有固着胚胎，保证妊娠正常进行的作用。同时还能抑制子宫平滑肌的兴奋性，减少子宫对垂体后叶激素的敏感性，具有安胎功能。此外，还能促进乳腺发育，为产后泌乳做准备。

主要用于预防和治疗习惯性流产、先兆性流产。

【用法与用量】

（1）黄体酮注射液，肌内注射 3～5 毫升。

（2）复方黄体酮注射液，每毫升含黄体酮 20 毫克、苯甲酸雌二醇 2 毫克。每次注射以黄体酮计 5 毫升。

三、雄性激素

甲基睾丸酮

【别名】 甲基睾丸素、甲睾酮。

【理化性质】 白色结晶性粉末，无臭，不溶于水，易溶于乙醇，可溶于油。遇光易变质，应避光密闭保存。

【作用与用途】 主要是促进雄性个体生殖器官发育、成熟，使雄性性征表现出来，并得以维持，还具有明显促进蛋白质合成的作用，可使体内的蛋白质分解减少，增加氮和无机盐在体内潴留，使肌肉发达，体重加快。

兽医临床上用于公兔性欲不佳等。

【用法与用量】 甲基睾丸素片，内服 30～50 毫克。

丙酸睾丸素

【别名】　丙酸睾丸酮、丙睾。

【理化性质】　白色结晶性粉末，无臭，不溶于水，在植物油中微溶。

【作用与用途】　与甲基睾丸酮相同，主要作用是促进雄性器官的发育及维持雄性的第二性征，使雄性个体表现雄性行为。此外，还有抗雌激素和增强蛋白质合成作用。

用于公兔睾丸发育不全，性功能低下、性欲不强，创伤、骨折、再生障碍性贫血等的治疗。

【用法与用量】　丙酸睾丸素注射液，肌内注射，家兔肌内注射 10～15 毫克，每 2～3 天 1 次。

苯丙酸诺龙

【别名】　苯丙酸去甲睾酮。

【理化性质】　白色或乳白色结晶性粉末，有特殊臭味。易溶于乙醇、植物油，几乎不溶于水。

【作用与用途】　本品为蛋白质同化激素，具有促进体内蛋白质的合成代谢作用，增加体重，促进生长。其蛋白质合成作用特别强，为丙酸睾丸素的 12 倍，而雄性化作用仅为丙酸睾丸素的 1/2，能增加体内氮磷潴留；增加肾小管对钠、钙离子的重吸收，使体内钠、钙、磷增多；加速钙盐在骨骼中沉积，促进骨骼的形成；能直接刺激骨髓形成红细胞；促进肾脏分泌促红细胞生成素，增加红细胞生成。

兽医临床上主要用于热性疾病和消耗性疾病引起的体质衰弱，严重营养不良、贫血、发育迟缓的辅助治疗；也可以用于手术后、骨折、创伤，以促进伤口愈合。

【用法与用量】　苯丙酸诺龙注射液，肌内注射，每支 5～10 毫克，每 10～14 天注射一次。

第三节　子宫收缩药

缩宫素

【别名】　催产素。

【理化性质】　由猪或羊脑垂体后叶提取或化学合成，白色粉末或结晶性粉末，溶于水。水溶液呈酸性，为无色澄明液体。

【作用与用途】　对子宫的收缩作用同垂体后叶素。主要用于引产、产前子宫收缩无力、产后出血、胎衣不下和子宫复原不全等症状。

【用法与用量】　缩宫素注射液，每只0.5毫升2.5单位，每支1毫升5单位。肌内注射或皮下注射，催产用家兔5~10单位/次，如果效果不明显，可在第一次注射后15分钟再注射一次用以排乳。用量与缩宫相同。

垂体后叶粉

【理化性质】　由高等哺乳动物的垂体后叶提取的水溶性成分，含两种有效成分，即缩宫素和抗利尿素。淡黄色或淡灰色粉末，有特殊臭味，性质不稳定，置阴凉处保存。

【作用与用途】

（1）对子宫的作用：能直接兴奋子宫平滑肌，加强子宫收缩，小剂量能使妊娠末期子宫呈节律性收缩，使收缩力逐渐增强。大剂量则引起子宫收缩持续增加，直至强直收缩。

雌性激素能提高子宫平滑肌对缩宫素的敏感性。妊娠末期雌性激素含量高，故子宫对缩宫素敏感性增强。分娩后子宫对缩宫素的敏感性降低。黄体酮则能抑制子宫对催产素的敏感性，妊娠初期黄体酮含量高，子宫对缩宫素不敏感。缩宫素作用快，持续时间短，停药后维持作用只有 20 ~ 30 分钟。对子宫体的兴奋作用较强，对子宫颈的作用较弱。如果用量适当，可出现节律性收缩加强，适于催产。

（2）对乳房的作用：缩宫素能促进乳腺周围组织肌肉的收缩，松弛乳导管，便于乳汁排出。同时能促进垂体前叶加速分泌生乳素，促进泌乳。

（3）抗利尿素的作用：抗利尿素能增加远曲小管和集合管对水分的重吸收，使尿量减少；使毛细血管和小动脉收缩，使血压上升，一般不用于临床；加强肠蠕动，提高膀胱平滑肌的张力。

临床上用于：①母畜产子时，若胎位正，子宫颈已开，而产出无力，可用小剂量缩宫素，加快分娩；②产子后子宫出血，用大剂量缩宫素肌内注射，止血效果良好；③加速胎衣或死胎排出，促进子宫复原。

【用法与用量】　垂体后叶素注射液，每支 1 毫升 5 单位，或 5 毫升 50 单位。有效期 1.5 年。皮下注射或肌内注射。家兔 5 ~ 10 单位。

【注意事项】　产道不正常、胎位不正者禁用。

第八章

解毒药

第一节　有机磷中毒的解毒药

有机磷制剂是农业生产中广泛应用的杀虫剂。常用的有1605（对硫磷）、1059（内吸磷）、3911（甲拌磷）、乐果、敌百虫、敌敌畏等。这些杀虫剂对各种动物都有较大的毒性，一旦被动物误食，与动物体内的胆碱酯酶结合形成稳定的磷酰化胆碱酯酶，使胆碱酯酶失去水解乙酰胆碱的活性，致使体内神经末梢释放的乙酰胆碱蓄积，产生神经过度兴奋的中毒症状。家兔为草食动物，易误食喷过农药的草引起中毒。

碘解磷定

【别名】　解磷定、碘磷定、派姆。

【理化性质】　黄色结晶性粉末、无臭、味苦、遇光易变质，易溶于水，水溶液稳定，在碱性溶液中不稳定，易水解为剧毒的氰化物。所以，本品忌与碱性药物配伍。

【作用与用途】　具有强大的亲磷酸酯的作用，能复活被有机磷抑制的胆碱酯酶，同时能使进入兔体内的有机磷酸酯失去毒性。发现家兔误食此种药物中毒，用药越早越好，不能拖延。对

1605、1059、乙硫磷、特普等引起的急性中毒效果良好；对敌敌畏、敌百虫、乐果、马拉硫磷等引起的中毒次之；对二嗪农、甲氟磷、丙胺氟磷及八甲磷等引起的中毒则无效。在中度、重度中毒时，必须将本药与阿托品配合使用。

【用法与用量】 静脉注射，每千克体重 1 次注射 15～20 毫克，在症状缓解以前，每 2 小时注射一次。

【注意事项】

（1）本品在体内消除快，1 次用药维持时间短（1.5 小时左右），须足量多次用药。

（2）静脉注射不可太快，也不可露出血管以外，以免发生不良反应。

双复磷

【理化性质】 微黄色结晶性粉末，易溶于水。

【作用与用途】 与碘解磷定相似，但对胆碱酯酶活性复原效果较好，而且作用持久，脂溶性高，能透过血脑屏障，对中枢神经系统中毒症状的疗效较好，副作用较少。

【用法与用量】 肌内注射，每千克体重 1 次 15～20 毫克。

氯磷定

【理化性质】 白色结晶性粉末，极易溶于水。

【作用与用途】 与碘解磷定相似，但毒性小，作用较碘解磷定强，作用发生快，水溶性高，可供肌内或皮下注射。可与碱性药物混合同时注射。本品不能透过血脑屏障，须与阿托品配合使用。

【用法与用量】 肌内或静脉注射，每千克体重 15～20 毫克/次。在症状缓解前每 2～3 小时用药一次。

第二节　有机氟中毒的解毒药

目前常用的有机氟农药和灭鼠药有氟乙酰胺、氟乙酰钠等有机化合物。它们是高效剧毒的杀虫、杀鼠剂。其中毒机制主要是破坏其体内的三羧酸循环代谢过程。

解氟灵

【别名】　乙酰胺。

【理化性质】　白色结晶性粉末，无臭，可溶于水。

【作用与用途】　由于本品的化学结构与氟乙酰胺、氟乙酰钠相似，可能与它们争夺酰胺酶，使其不能产生氟乙酸，消除氟乙酸对机体的三羧酸循环的毒性作用，具有延长中毒潜伏期、减轻发病症状或消除中毒的作用，有利于有机氟中毒的解救。

【用法与用量】　肌内注射，每千克体重 0.05~0.1 克/次，每天 2~4 次，连注 3~4 天。

【注意事项】　中毒早期大量应用，严重中毒病例须配合使用镇静剂。

第三节　亚硝酸盐中毒的解毒药

亚硝酸盐中毒是亚硝酸盐的亚硝酸根离子将血红蛋白的二价铁氧化成三价铁，使血液失去向组织运氧功能。

解救方法常采用还原剂如亚甲蓝、维生素 C 等，使变性的高铁血红蛋白还原为亚铁血红蛋白，恢复血红蛋白的运氧功能。

亚甲蓝

【别名】　美蓝、中烯蓝。

【理化性质】 深绿色有铜光的柱状结晶性粉末，无臭，易溶于水和乙醇。

【作用与用途】 本品为一种还原剂。低浓度小剂量时具有还原作用，使高铁血红蛋白还原为二价（亚铁）铁的血红蛋白，恢复运氧功能，解除亚硝酸盐中毒。

本品主要用于亚硝酸盐中毒。高浓度、大剂量时，具有氧化作用，可使二价铁血红蛋白氧化为三价高铁血红蛋白，高铁血红蛋白与氰离子结合成氰化高铁血红蛋白，以阻止氰离子进入组织细胞，对细胞色素氧化酶产生抑制作用，再与硫代硫酸钠化合成硫氰酸盐随尿排出，从而解除氰化物中毒，用于氰化物中毒解救。

此外，还可以用于氨基比林、磺胺类药物引起的高铁血红蛋白症。

【用法与用量】 静脉注射：解救亚硝酸盐中毒时，每千克体重1~2毫克/次；解救氰化物中毒时，每千克体重2.5~7.5毫克/次。

【注意事项】

（1）本品只能静脉注射，不能做皮下或肌内注射，皮下或肌内注射都可以引起组织坏死。

（2）忌与强碱药物、氧化剂、还原剂与碘化合物混合使用。

第四节 氰化物中毒的解毒药

氰化物中毒是食入了含氰苷的植物或误食了氰化物引起的中毒，中毒内在机制是氢氰酸和氰化物都是作用强烈、快速的毒物，氰离子在动物体内极易与细胞色素氧化酶的三价铁结合，形成比较稳定的氰化细胞色素氧化酶，使组织细胞不能及时获得足够的氧，致使组织细胞缺氧而造成中毒。

亚硝酸钠

【理化性质】 白色至淡黄色结晶性粉末，无臭，味微咸，易溶于水，水溶液呈碱性。

【作用与用途】 静脉注射后亚硝酸根离子能使体内血红蛋白氧化为高铁血红蛋白，高铁血红蛋白与氰离子结合，形成氰化高铁血红蛋白而起解毒作用。但高铁血红蛋白不稳定，能再离解出氰离子产生毒性。因此，还能使用硫代硫酸钠使其迅速转化为无毒的硫氰酸随尿液排出，达到彻底解毒。

【用法与用量】 静脉注射，0.02~0.04克/次。

【注意事项】 本品使用时用量不能过大，避免因高铁血红蛋白生成过多而引起亚硝酸盐中毒。

硫代硫酸钠

【别名】 大苏打。

【理化性质】 无色透明的结晶性粉末，无臭，味咸，易溶于水，水溶液呈弱碱性。

【作用与用途】 硫代硫酸钠到动物体内以后能与氰化高铁血红蛋白中的氰离子或游离氰离子结合，形成无毒的硫代硫酸钠而经尿液排出。因本品解毒作用慢，故常用作用快的亚硝酸钠，然后再用本品以提高疗效。主要用于氰化物中毒，也用于砷、汞、铅等中毒的辅助治疗。

【用法与用量】 静脉或肌内注射，先配成10%的溶液，按每千克体重25~50毫克注射。

【注意事项】 静脉注射时，推药速度不能过快，不能与亚硝酸钠混合应用。

第五节　重金属、类金属中毒的解毒药

重金属如汞、银、铜、锌、铁、铬、铅等和类金属如砷、锑、磷等进入动物体内与体细胞内酶系统和巯基结合，抑制含巯基酶的活性，造成代谢障碍，使动物体内出现中毒现象。解救重金属及类金属中毒的药物多为结合剂，它们能与金属或类金属离子形成无毒的结合物排出体外，从而达到解毒的目的。

二巯基丙磺酸钠

【别名】　二巯基丙醇磺酸钠，二巯丙磺钠。

【理化性质】　白色结晶性粉末。无味，有类似硫化氢的臭味，有吸湿性。易溶于水，在乙醇、乙醚或氯仿中不溶。

【作用与用途】　机制是竞争性解毒，可与进入动物体内的重金属和类金属离子结合，并夺取已与组织中酶系统结合的金属或类金属离子形成不易解离的无毒结合物，由尿排出体外，使巯基酶恢复活性，达到解毒的目的。对急性或亚急性汞中毒的解毒效果，常用于汞、砷中毒的解救。

【用法与用量】　肌内或静脉注射，每千克体重 7～10 毫克/次，前 1～2 天每 4～6 小时 1 次，以后改为 2 次/天。

二巯基丁二酸钠

【理化性质】　带硫臭味的白色粉末，易吸水溶解，水溶液无色或微红色，不稳定。

【作用与用途】　解毒效力较强，毒性较低。常用于锑、铅、汞、砷中毒解救，也可以用于钡、镉、镍、锌中毒的解救。

【用法与用量】　静脉注射，每千克体重 15～20 毫克/次。临用前用生理盐水将药稀释成 5% 的溶液，2 次/天。用至恢复正常。

【注意事项】

（1）溶液不稳定，用时现配。

（2）水溶液若变色为土黄或发生混浊时不能再用，以免出现不良现象。

（3）遮光、密闭、阴凉处保存为好。

依地酸钙钠

【别名】 乙二胺四乙酸钙钠。

【理化性质】 白色结晶或细小颗粒性粉末，无味，无臭。露置于空气中易溶解，易溶于水。

【作用与用途】 本品是依地酸钠和钙的络合物。能与多价金属离子形成难以解离的可溶性金属络合物而排出体外，达到解毒的目的。

主要用于铅中毒，也可用于锰、镉、汞、锌等中毒及镭、铀、钍等放射性元素中毒解救。

【用法与用量】 静脉注射，每千克体重 25～30 毫克，每天 2 次，连用 3～4 天。用时以生理盐水稀释成 0.25%～0.5% 的溶液。

【注意事项】

（1）对慢性中毒的个体，连用 3～4 天后应停药 3～5 天，再接着用药。

（2）推药时要缓慢。

青霉胺

【别名】 D - 盐酸青霉胺，二甲基半胱氨基酸。

【理化性质】 白色或类白色结晶性粉末。有臭味，能吸湿，极易溶于水。

【**作用与用途**】　为青霉菌的代谢产物，系含巯基的氨基酸。能与动物体内的金属离子络合后形成络合物随尿液排出体外，起到解毒作用。对铜中毒的解毒作用比二巯基丙醇强；对铅、汞中毒也有解毒作用，但不如依地酸钙钠和二巯基丙磺酸钠。毒性比二巯基丙醇低，在动物体内无蓄积作用，可以内服。常用于铜、汞、铅中毒的治疗。

【**用法与用量**】　内服，每千克体重 5～10 毫克，每天 3～4次，连用 5～7 天，若症状还没消失，停药 2～3 天后再用几天，待症状完全消失后停药。

【**注意事项**】　有的个体服药后会出现不良反应，轻者厌食，重者腹泻等。

第九章

用于消化系统的药物

消化系统疾病是家兔最易发生的，有人做过统计，养兔生产中死亡的兔有 80% 左右是死于消化道疾病。所以，必须重视家兔消化道疾病的预防与治疗。为预防消化道疾病，笔者花了多年的时间研究开发了保持肠道菌群均衡的、以微生态制剂为主的预混料（在第十章介绍）。这里先介绍一些健胃、助消化的单药，养兔生产者可以在生产中根据情况选用，以提高肠道疾病的治愈率，降低死亡率。

第一节　健胃药

健胃药是指能促进胃肠功能，增进唾液、胃液、肠液等消化的分泌，使消化、吸收功能增强，提高饲料转化率的药物。

龙胆

【理化性质】　是由龙胆科植物根和根茎加工而成的，味很苦，主要成分为龙胆苦苷。

【作用与用途】　有清泻肝胆实热，除下焦湿热，促进食欲的功效。口服时刺激胃觉感受器，反射性地引起胃液分泌增加，增进食欲，改善消化功能。本品对胃黏膜无直接刺激作用，也没有明显的吸收作用，是苦味药的代表产品。常与其他健胃药物配合应用，用以治疗食欲不振，消化不良。

【用法与用量】

（1）龙胆粉末。内服：每只成年兔每次 0.5~1 克，每天 2~3 次。

（2）龙胆酊，由 100 克龙胆末，40% 的乙醇溶液 1 000 毫升浸制而成，呈黄棕色澄明液体。灌服 1~3 毫升/次，每天 2~3 次。

（3）复方龙胆酊，由龙胆末 100 克，陈皮末 40 克，草豆蔻 10 克，60% 的乙醇适量，浸泡后加乙醇或高浓度乙醇至 1 000 毫升。内服 1~2 毫升，2~3 次/天。

【注意事项】

（1）最好用粉剂、酊剂，家兔喜食苦食，使其与味觉感受器接触后发挥作用，不可直接入胃内，以免降低疗效。

（2）在投食前 30 分钟给药，用量过大或采食后给药，反而使消化功能减退，胃液分泌减少。

陈皮

【理化性质】　柑橘成熟的果皮放置后称为陈皮，未成熟的果皮称为青皮，味芳香而略苦，含挥发油、川皮酮、橙皮苷、肌醇及维生素 B_1 等。

【作用与用途】　有理气健脾、燥湿化痰之功效。其味芳香，能反射性地促进胃液分泌，增进食欲；内服后能刺激消化道黏膜，促进胃液分泌和胃的蠕动，有助于胃肠积气的排出和食物消化，同时还有轻微防腐制酵作用。另外，所含挥发油被吸收后，经呼吸道排出时能刺激呼吸道黏膜，使分泌增多，有祛痰作用。

主要用于食欲不振，消化不良，胃肠稍有发酵，积食，积气，咳嗽多痰等。

【用法与用量】

（1）陈皮粉：内服，2~3克/次，每天2~3次。

（2）陈皮酊：内服，由陈皮100克，60%的乙醇适量，浸泡几天后加蒸馏水至1 000毫升制成橙色液体。有香气，味苦，内服每次3~4毫升，每天3次。

桂皮

【理化性质】　樟科植物肉桂的干燥树皮。气味浓烈，味甜、辣，含1%~2%的挥发油和鞣质、黏液质、树脂，油的主要成分为桂皮醛。

【作用与用途】　桂皮油对胃肠有缓慢的刺激作用，能增强消化功能，排出消化道积气，缓解胃肠痉挛，并对中枢神经系统起作用及神经末梢性扩张血管的作用，增强血液循环。常用于消化不良，胃肠鼓气、产后虚弱等。

【用法与用量】　桂皮酊，由桂皮200克，60%乙醇加之1 000毫克升浸泡而成，为黄色液体，有香气。内服，成年兔3~4毫升/次，1.5千克左右的幼兔1~2毫升/次，每天2~3次。

【注意事项】　妊娠母兔慎用。

小茴香

【理化性质】　小茴香的成熟、干燥果实，粉末为黄绿色或棕色，具有特异香味。含挥发油3%~8%，其中主要成分为茴香醚、小茴香酮。

【作用与用途】　对胃肠黏膜具有温和的刺激作用，能增强消化液的分泌，促进胃肠蠕动，减少胃肠鼓气。对胃肠痉挛有一定的缓解作用。常用于消化不良、积食、胃肠鼓气。

【用法与用量】

（1）小茴香细粉：内服，2~3克/次，每天2次，症状改善停药。

（2）小茴香酊：有20%小茴香末，用60%乙醇按80%的量浸泡制成酊剂。内服2～5毫升/次。每天2～3次。

（3）芳香胺醑：由碳酸氢钠30克、浓氨液60毫升，枸橼油5毫升、八角茴香油3毫升，90%乙醇750毫升加蒸馏水至1 000毫升。为近无色的澄明液体，久置变黄色，有芳香性、氨臭味和刺激性。忌与酸性药物和含生物碱的药物配伍应用。用于祛风、止酵、健胃。内服1～3毫升，每天3次。同时以温开水稀释4～5倍。

人工盐

【理化性质】　白色粉末，易溶于水。

【作用与用途】　内服，小剂量能刺激胃肠蠕动和分泌消化液，中和胃酸；大剂量则有缓泻作用。此外，还有利胆作用。常用于消化不良、早期便秘等。

【用法与用量】　人工盐成分：干燥硫酸钠44%、碳酸氢钠36%、氯化钠18%、硫酸钾2%。健胃，内服，2～3克/次；缓泻，内服，10～15克/次。

碳酸氢钠

【别名】　小苏打。

【理化性质】　白色结晶性粉末，易溶于水，水溶液放置稍久，振摇、加热时均能分解出二氧化碳，进而转变成碳酸钠，使碱性增强。

【作用与用途】　内服能直接增加机体的碱储备，具有中和胃酸、健胃等作用，另外，可防治酸中毒。

【用法与用量】

（1）小苏打片。内服，0.5～1克/次。

（2）大黄苏打片。每片含大黄末和碳酸氢钠各 0.15 克，具有抑制胃酸和健胃作用，用于治疗食欲不振、消化不良。内服：2 片/次。用于流行性腹胀病以泻肠道硬结，每次 4～5 片，投喂后 2 小时将患兔放在院中追赶使其奔跑 30 分钟左右。

第二节　助消化药

助消化药多为消化液中的成分，它能补充消化液中某些成分的不足，恢复消化功能。

稀盐酸

【理化性质】　无色澄明液体，无臭，含盐酸 10%，呈较强的酸性反应。置玻璃塞瓶内密封保存。

【作用与用途】　内服可增加胃中酸度，使幽门括约肌松弛，胃内食糜易达到十二指肠，有利于胃内容物排出，起助消化作用。同时还能使胃蛋白酶原转变成胃蛋白酶，保证胃蛋白酶发挥作用所需的酸性环境，有利于钙、铁等盐类的溶解和吸收。另外，还能抑制发酵过程。

主要用于由于胃酸缺乏引起的消化不良、胃内积食、碱中毒等，也用于其他疾病引起的消化不良的辅助治疗。

【用法与用量】　10% 的稀盐酸内服，1 毫升/次，临用时加水 50 毫升，稀释至 0.2% 的浓度方可服用。

【注意事项】　应用时用水稀释 50 倍左右，用量也不宜过大，以免产生不良反应。

乳酶生

【理化性质】　活乳酸杆菌的干制剂，白色或淡黄色粉末，无臭，无味。难溶于水，受热效力降低或失效。

【作用与用途】 内服活菌在肠道内分解糖类生成乳酸,使肠内酸度增高,从而抑制腐败菌生长繁殖,制止蛋白发酵,减少产气。

用于消化不良、腹胀、腹泻等。亦可用于长期使用抗生素所造成的肠菌群失调、二重感染的辅助治疗。

【用法与用量】 乳酶生片,有效期一般为 18 个月,内服,每只成年兔每次 2 片,早晚各 1 次,连用 3～5 天。

【注意事项】

(1) 由于本品是活菌制剂,不能与磺胺类药物、抗生素、大蒜素药物或制剂配伍。

(2) 也不能与铋制剂、鞣酸、活性炭、酊剂合用,以免抑制、吸附或杀灭乳酸菌。

干酵母

【理化性质】 淡黄色或淡黄棕色的薄片、颗粒或粉末,有发酵物的特殊臭味,味微苦。

【作用与用途】 本产品内含多种 B 族维生素,含有肌醇、转化酶、麦芽糖等。这些都是体内酶系统的重要组成部分,所以能参与体内糖、蛋白质、脂肪等的代谢过程和生物氧化过程,因而能增加消化吸收,促进兔体系统、器官的发育。

常用于食欲不振、消化不良和 B 族维生素缺乏所引起的多发性神经炎等疾病。

【用法与用量】

(1) 干酵母片,家兔内服 2～3 克/次,每天 2 次。

(2) 食母生片,每片含酵母粉 0.2 克、碳酸钙 0.04 克、蔗糖 0.11 克。家兔内服 2～3 克/次。

【注意事项】

(1) 用量过大可致腹泻。

（2）本品有拮抗磺胺类药物的作用，不宜联合用药。

胃蛋白酶

【理化性质】 白色或淡黄色粉末，有吸湿性，易溶于水，其水溶液呈酸性反应，易变质，应密封保存。

【作用与用途】 本品为分解蛋白质的酶，水解蛋白质的能力强，能使凝固的蛋白质分解为胨和蛋白胨，也能分解为多肽。但不能进一步分解为氨基酸。本品在 0.2%～0.4% 浓度盐酸的环境中消化能力强。

临床上常用于治疗胃液分泌不足所引起的消化不良和幼兔期消化不良及久病消化功能减退等。

【用法与用量】

（1）胃蛋白酶粉，有效期 1 年，内服 1 次 0.5 克左右，每天 2 次。喂食前给药。

（2）多酶片，每片含蛋白酶 0.4 克、胰蛋白酶 0.12 克、淀粉酶 0.12 克。内服每次 1 片，每天 2～3 片，连用 2～3 天，喂食前喂服。

【注意事项】

（1）在 70℃ 的环境下易凝固变性；在碱性环境中被破坏失效；在中性、强酸性条件下消化力弱；在盐酸浓度 0.2%～0.4% 的条件下消化力最强。

（2）水溶液遇鞣酸、重金属盐发生沉淀。

第三节 泻 药

泻药是能促进胃肠蠕动、软化粪便、促进粪便排出的一类药物。按其作用机制可分为容积性泻药、刺激性泻药、润滑性泻药三大类。

常用的容积性泻药，也称盐类泻药，有硫酸钠、硫酸镁；刺激性泻药有大黄、蓖麻油等；润滑性泻药有液体石蜡、植物油等。

硫酸钠

【别名】 芒硝。

【理化性质】 无色透明的柱状结晶或颗粒状粉末，易溶于水，无臭，味苦咸，经风化则成白色粉末，失去结晶水的硫酸钠称为元明粉。

【作用与用途】 本品的作用与用量大小有关，内服小剂量时，能轻度刺激消化道黏膜，使胃肠蠕动和分泌稍有增加，起健胃作用。内服剂量大时，则不易被胃肠吸收，增加肠壁内渗透压，阻止肠内水分的吸收，从而保持大量水分，使肠内容积增加，肠蠕动加快；能稀释肠内容物及软化粪便而引起腹泻。

常用于便秘。即将其配成4%～6%溶液灌服，并与大黄等药物配合使用，也可以清除肠道内毒物或辅助驱虫药排斥虫体。

【用法与用量】 内服用以健胃，1克/次左右，幼兔减半；内服用以泻下，2～3克/次，同时加水配成4%～6%的溶液。

【注意事项】 本品遇钙盐、汞盐发生沉淀。妊娠母兔禁用。

硫酸镁

【理化性质】 无色细小的针状结晶，无臭，味微苦，易溶于水，易风化。

【作用与用途】 与硫酸钙相似。

【用法与用量】 与硫酸钠相同。

【注意事项】 液体遇碳酸盐、水杨酸盐、氯化钙等，发生沉淀；妊娠母兔禁用。

大黄

【理化性质】 蓼科植物掌叶大黄，大黄及塘沽特大大黄的干燥根茎。气味清香特殊，味苦微涩。主要成分是蒽醌衍生物，如大黄素、大黄粉等，以苷的形式存在于生药中。

【作用与用途】 味苦性寒，有泻实火、破胃肠积滞、行瘀血之功效。其作用与使用剂量大小有关系，小剂量内服，有苦味，能起健胃作用；中剂量内服，有收敛止泻作用；大剂量内服，蒽醌苷刺激大肠壁的感受器，促进肠的蠕动，减少肠黏膜对水和电解质的吸收，水积于结肠中引起腹泻。作用部位在大肠，一般需经过 12～24 小时才能出现下泻。单用大黄下泻作用慢，鞣酸有时会在下泻以后出现便秘。因此，多与硫酸钠配合使用，使效果更好、更快一些。

实验证明，大黄具有广谱抗菌作用，对金黄色葡萄球菌、链球菌、痢疾杆菌和绿脓杆菌等多种病菌都有抑制作用。大黄还有利胆、利尿、增加血小板的数量、降低胆固醇等作用。

【用法与用量】

（1）大黄粉，用于健胃，内服，家兔 0.5～1 克/次；用于止泻内服，1～2 克/次；用于下泻。内服（与硫酸钠配合）1～2 克/次。

（2）大黄流浸膏，为棕色黏稠状液体，1 毫克相当 1 克生药。用于健胃，内服，1 毫升/次，温开水冲服。

（3）大黄酊，1 毫升相当生药 0.2 克，用于健胃，内服，1～1.5 毫升/次。

（4）复方大黄酊，每 100 毫升含大黄末 10 克、豆蔻 2 克、橙皮 2 克、甘油 10 毫升、60% 乙醇适量。健胃内服，每次 2 毫升左右。

（5）大黄苏打片，每片含大黄和碳酸氢钠各 0.15 克，具有止酸、健脾的作用，用于治疗食欲不振、消化不良。内服，每次

1～2 片。泻兔流行性腹胀病，家兔成兔 4～5 片/次，幼兔 3～4 片/次。

【注意事项】

（1）因有苦味，不可长时间给药。

（2）妊娠母兔、体虚兔和胃肠功能差的兔忌用。

蓖麻油

【理化性质】　淡黄色黏稠液体，有微臭，味淡带辛，能溶于醇，不溶于水。

【作用与用途】　本品本身无刺激性，内服达十二指肠后，一部分经胰脂肪酶的作用，皂化分解为蓖麻油酸钠和甘油。蓖麻油酸钠可刺激小肠黏膜，促进小肠蠕动而引起下泻。另一部分未被分解的蓖麻油对肠道和粪便起润滑作用。

主要用于小肠便秘，内服后 3～8 小时发生泻下。

【用法与用量】　内服，每次 10～20 毫升。

【注意事项】

（1）内服时将蓖麻油加热至沸，破坏其中的有毒蛋白质，以免用后发生肠炎。

（2）不可把蓖麻油做泻药使用。

（3）若出现毒蛋白吸收中毒时，表现呼吸中枢受抑制，应对症治疗。

（4）妊娠母兔不能用其做泻药，服用脂溶性驱虫药后，也不能用其做泻药。

石蜡油

【理化性质】　无色透明的油状物，无臭，无味，呈中性反应，不溶于水和乙醇，能与多种油随意混合。

【作用与用途】　内服，在肠道内不吸收，只能对肠道起润滑和保护作用，软化粪便而又不刺激肠道，是一种比较安全的泻剂。妊娠母兔也能应用，用于小肠阻塞、便秘等症状。

【用法与用量】 家兔内服，成年兔20毫升左右/次，1.5～2.0千克幼兔10～15毫升/次。

【注意事项】 使用本品时，肠道内阻塞粪块排出后就停止用药，不能长期使用，因其可阻碍脂溶性维生素及钙、磷的吸收，长期使用不好。

近几年来养兔生产中发现一种流行性腹胀病，主要是硬结的粪块阻塞在盲肠与结肠交会段或结肠上段下不去，肠道被阻后，不能再进食；梗阻下部的粪便排完后不再排便，腹部胀大，如不及时处理就会出现生命危险。必须采取综合措施方可解决问题。早期发现腹胀兔腹中部有硬块阻塞，首先用硫酸钠或硫酸镁1～2克，加水25～50毫升灌服，再服大黄苏打片4片加强导泻。泻下后给健胃消炎药，恢复消化功能。

第四节　止泻药

这类药是制止腹泻的药。大都有保护肠黏膜、吸附有毒物质和收敛、消炎的作用。腹泻是这些疾病的症状之一，家兔腹胀、腹泻特别频繁，死于腹泻的个体也特别多。在临床上对症治疗的基础上，必须合理利用止泻药，止泻、消炎、止酵需同步进行。

鞣酸蛋白

【理化性质】 淡黄色或淡棕色粉末，含鞣酸50%，不溶于水和乙醇。

【作用与用途】 本品为非活性制剂，内服后在胃内不分解，到达小肠时在碱性肠液中分解出鞣酸而起收敛保护作用，由于其作用缓和持久，也能作用于肠管后段，因此主要用于急性肠炎、非细菌感染性腹泻。

【用法与用量】 家兔内服 0.5 ~ 1 克/次。

【注意事项】

（1）本品不可与胃蛋白酶、乳酶生同服，因鞣酸可使它们失去活性。也不能与硫酸亚铁等铁制剂同服。

（2）治疗细菌性肠炎，应用抗生素控制感染，后用本品止泻。

（3）大量、长时间应用会出现便秘。

（4）不能与氨基比林、洋地黄类药物同时应用，因为这些药物遇到鞣酸会发生沉淀，妨碍吸收，影响疗效。

次碳酸铋

【理化性质】 白色或黄白色粉末，无臭、无味，不溶于水和乙醇。

【作用与用途】 次碳酸铋内服一般不被吸收，大部分附着于肠黏膜表面，减少刺激，起到保护作用。可用于肠炎、腹泻。

【用法与用量】 内服，家兔每千克体重 0.2 克/次，每天 2次，连用 3 ~ 4 天。

【注意事项】

（1）大剂量、长时间服用可引起便秘。

（2）铋制剂可降低肠道乳酸杆菌活力，故不能与乳酶生并用。

（3）铋制剂能在肠道内形成保护膜，妨碍抗菌药物发挥作用；四环素还能与铋离子起络合反应，减少对四环素的吸收，故不能与四环素并用。

（4）治疗细菌性肠炎，应先控制感染，后使用本品。

药用炭

【理化性质】 黑色细微性粉末，无臭、无味，不溶于水，但有吸潮性，潮湿后效力降低，所以应密封保存。

【作用与用途】 内服到肠后，能使肠蠕动减弱，起到止泻作用。还能吸附胃肠内多种有害物质，但也能吸附营养物质。用于解肠毒吸附肠内毒素物质时，必须与硫酸钠或硫酸镁合用，促进吸附的毒素排出。主要用于肠炎、腹泻、毒物中毒等。

【用法与用量】 家兔内服 2～3 克/次。每天 1 次，连用 3 天。

【注意事项】 本品吸附维生素、抗生素、磺胺类药物、乳酶生、激素等。对胃蛋白酶活性也有影响，故不宜合用；还能影响营养物质的吸收，不易反复使用。

促菌生

【理化性质】 本品为需氧芽孢杆菌的干燥活菌制剂，呈干燥粉状，不溶于水，高温可使其失去活性。

【作用与用途】 内服进入肠道后可在肠道内迅速繁殖，消耗肠道内大量的氧气，造成肠道内的无氧环境，有利于肠道内常在厌氧菌群（有益菌群）的生长和繁殖。厌氧菌生长过程中，分解糖类和脂肪，使肠道中挥发性脂肪酸数量增多，从而抑制病原菌的生长繁殖。本品安全、无毒、无蓄积作用。主要用于仔、幼兔细菌性肠炎。

【用法与用量】 片剂，每片含活菌 5 亿个，内服每次 1～2 片，每天 2 次，连用 3～5 天。

【注意事项】 本品为活菌制剂，不与有抗菌作用的药物合用。

第十章
饲料添加剂与预混剂

　　家兔是草食动物，原始的养法是除供给它们青草、干草和多汁饲料外，另外再补充喂一些精饲料。这样的饲养管理方法使饲养量不能很大，因饲养人员劳动强度大，家兔的生产性能低，限制了向规模化、集约化、产业化的方向发展。随着我国养兔业的发展，规模化养兔场的出现，兔用全价颗粒饲料也就应运而生。为了提高家兔的生产性能，满足现代化养兔的营养需要，完善饲料的全价性及特殊需要，而在配合饲料中加入多种家兔所需的生长发育、繁殖不可缺少、性质各异的物质，这些物质被称为饲料添加剂。

　　饲料添加剂根据对家畜的作用可分为营养性添加剂和非营养性添加剂两大类。营养性添加剂包括维生素类、矿物质和微量元素类、氨基酸类。这些添加剂主要是补充动植物饲料中营养成分不足的部分，从而使配合饲料趋于全价。非营养性添加剂包括保健功能性物质、促生长功能性物质、改善饲料品质的物质，添加后能降低兔群发病率，改善饲料适口性，增强食欲，促进生长，提高饲料转化率。

　　因为添加剂类别很多，养殖户能在农村买齐不容易，加上很多养兔户知识不多，对很多有关饲料营养的知识不太懂，让他们买回诸多的添加剂配制全价饲料有很多困难，于是又产生了预混剂这样的产品。养兔户称这种产品为料精，根据家兔的生长阶段不同，混入预混剂的添加剂也不同。例如，仔、幼兔的预混剂着重于控制消化道疾病、增强食欲、促进消化、促进生长，提高饲料转化率。成年兔则着重于促进肠道健康、提高种兔繁殖力和泌乳力方面多添加些功能性物质。养兔生产中不同阶段所需要的添加剂纯品，在掺入饲料以前由专家拟出科学配方，选择好载体，由生产厂家生产，制成预混剂，加工饲料时，除了玉米、麦麸、豆粕、草粉，再加1袋预混料就行，给农户减少了很多麻烦。

第一节　维生素添加剂

一、概述

维生素是动物维持生命活动不可缺少的一类物质。每一种维生素都有着其他任何营养物质不能代替的特殊生理功能。某些维生素还有一定的药理作用。

维生素具有下列一些特点：①它们是天然食品中的一些成分，大部分食物中含量甚微；②在维持动物生命活动中是必不可少的；③一旦缺乏会引起代谢紊乱，出现各种缺乏症；④动物体内不能足量合成，为满足自身生理需要，必须从日粮中获得供给。

维生素分脂溶性维生素和水溶性维生素两大类。脂溶性维生素有维生素A、维生素D、维生素E、维生素K四种，在日粮中必须添加。脂溶性维生素吸收后可在体内脂肪中储存，通过胆汁从粪便中排泄。水溶性维生素包括维生素B_1、维生素B_2、维生素B_3（泛酸）、维生素B_4（胆碱）、维生素B_5（烟酸、烟酸胺）、维生素B_6（吡哆醇）、维生素B_7（生物素）、维生素B_{12}、维生素C。水溶性维生素易在肠道中吸收，但动物体内对其储存量有限，每天随尿液大量排出体外，故必须经从日粮中获得补充。

二、脂溶性维生素

脂溶性维生素包括维生素 A、维生素 D、维生素 E 和维生素 K。它们溶于油而不溶于水。在肠道内被吸收。吸收的好坏与脂肪的吸收有密切的关系。当胆汁缺乏、脂肪吸收障碍或内服液状石蜡时，则吸收大为减少；饲料中含有大量的钙盐时，也影响脂肪和脂溶性维生素的吸收。

维生素 A

维生素 A 是 β – 白芷酮环的不饱和一元醇，包括维生素 A_1 和维生素 A_2 两种。维生素 A_1 又称视黄醇，维生素 A_2 又称 3 – 脱氢视黄醇。维生素一般指的是维生素 A_1。动物肝脏、蛋、奶和肉中含量丰富，鱼肝油中含量最多。绿色植物产品中如胡萝卜、黄玉米、番茄中含有维生素 A 原，即胡萝卜素和类胡萝卜素。胡萝卜素进入机体内，能转化成维生素 A。维生素 A 有三种形式，即维生素 A 醇、维生素 A 乙酸酯、维生素 A 棕榈酸酯。

【理化性质】　维生素 A 乙酸酯外观为鲜黄色至淡褐色结晶粉末，熔点为 57～60 ℃；维生素 A 棕榈酸酯，外观为黄色油状和结晶块状，熔点为 28～29 ℃。均不溶于水，溶于乙醇，易溶于乙醚、丙醇和油脂，易被光、氧和酸所破坏。易吸湿，遇热易分解，必须妥善保管。

【作用与用途】　维生素 A 具有维持视网膜感光的功能，参与组织间质中黏多糖合成，参与维持正常的生理功能，促进家兔生长发育。

缺乏维生素 A 时，幼兔生长停滞，骨骼发育不好，易患传染性疾病。维生素 A 缺乏能引起上皮细胞干燥、退化、增生和角质化。消化道上皮细胞角质化，可使消化功能紊乱，胃液减少，肠道发生炎症，造成腹泻等；呼吸道上皮细胞角质化，容易发生气管炎、肺炎等，生殖器官上皮细胞角质化，种兔性功能减退，表现为公兔精子生成减少或生精停止，母兔发情不正常，卵泡不成熟，不排卵，交配后受孕率低，妊娠母兔胚胎易被吸收、流产、出现死胎等。

【用法与用量】 内服，种兔每天需要量 2 000 国际单位，种兔群母兔发情不正常，受配母兔妊娠率低、已妊娠的母兔流产、产死胎者，可在全价配合饲料中在已添加复合维生素的基础上，每 100 千克饲料再加入 2 克维生素 A 粉，长期使用可以恢复繁殖功能。

【注意事项】 长期、大剂量使用维生素 A，可发生毒性反应，表现为食欲不振、体重减轻、关节肿痛等，但停用 1 周后即可恢复正常。

维生素 D

天然维生素 D 有两种，即维生素 D_2（存在于植物体的麦角钙化醇）和维生素 D_3（存在于动物体内的胆钙化醇）。干草及其他植物、酵母中含有麦角固醇（维生素 D_2 原）、动物皮肤中含有 7 - 脱氢胆固醇（维生素 D_3 原），二者经日光或紫外线照射后，转变成维生素 D_2 和维生素 D_3。

【理化性质】 维生素 D_2、维生素 D_3 均为无色结晶，不溶于水，能溶于油和其他有机溶剂。性质稳定，但空气、日光等能使其破坏，所以必须密封保存，不能与无机盐预先混合。

维生素 D 的生物效价为国际单位，1 国际单位相当于 0.025 微克结晶维生素 D_3。

【作用与用途】 维生素 D 能调节动物体内钙、磷代谢，促进小肠对钙、磷的吸收，维持体液中钙、磷浓度，促进骨骼正常钙化。主要用于防治维生素 D 缺乏引起的佝偻病和骨软病；也可用于促进仔、幼兔，妊娠母兔对饲料中钙、磷的吸收；还可用于母兔产后泌乳瘫痪。

【用法与用量】

（1）每只成年兔每天需要维生素 D 200～250 国际单位，配制添加剂时可做参考。

（2）维生素 D_3 注射液，肌内注射用于治疗小兔佝偻病或成兔骨软病，每千克体重 1 500～3 000 国际单位。

（3）维生素 D_3 微粒混饲，生长兔每千克饲料中添加 1 500～2 000 国际单位；妊娠和哺乳母兔每千克饲料中添加 1 200～1 800 国际单位。

【注意事项】 维生素 D 并非用量越大越好，长期大剂量应用，可引起高血钙，使大量钙沉积于大动脉、肾、肺、心肌等软组织中，对肾脏损害最严重，可形成肾结石。甚至导致肾小管严重钙化产生尿毒症而死亡。

维生素 E

【别名】 生育酚。

【理化性质】 为白色或淡黄色透明黏稠液体，易溶于有机溶剂，对热、碱、酸都稳定，但对氧很敏感，见氧可迅速氧化。维生素 E 与其他易被氧化的物质（维生素 A、不饱和脂肪酸）共存时，可保护它们免遭破坏。因此，维生素 E 是一种有效的抗氧化剂。

【作用与用途】 主要作用是抗氧化。可以防止不饱和脂肪酸和脂肪酸氧化，维持细胞膜的完整性。当动物体内缺乏维生素 E 时，不饱和脂肪酸过多氧化时产生有毒的氧化物，能使生殖器官的形态与功能发生变化，破坏生殖细胞和胚胎，引起不育症。公兔表现为睾丸生精上皮细胞受到破坏，精子生成受影响，精子数减少，活力降低，甚至精子畸形、输精管发育不良、睾丸萎缩退化、性功能丧失；母兔还能有性欲，能排卵受精，但胚胎失去发育能力，往往会出现胚胎被吸收、流产、死胎等。因此，维生素 E 是家兔繁殖不可缺少的。另外，还可以发生骨骼肌、心肌等萎缩、变性或坏死，引起肝坏死、黄脂肪病等。

本品主要用于预防由于维生素 E 缺乏症引起的繁殖力低下、肌无力、运动失调等。

【用法与用量】

（1）家兔每天每千克体重需要维生素 E 的维持量为 3~5 毫克，每只成年兔每天的维持量在 20 毫克左右。

（2）混料，每千克饲料添加量为 100 毫克。

（3）治疗量，每千克体重 5~10 毫克。

【注意事项】 饲料中矿物质、糖的含量变化，其他维生素的缺乏，都可以加重维生素 E 的缺乏；若饲料中以细米糠代替草粉，细米糠陈旧容易出现维生素 E 缺乏。

维生素 K

维生素 K 是一类甲萘醌衍生物的总称，其主体结构是甲萘醌。根据侧链的不同，有维生素 K_1、维生素 K_2、维生素 K_3、维生素 K_4 四种。前两种为天然提取物，后两种为人工合成物，为水溶性。作为饲料添加剂的主要是维生素 K_3，即亚硫酸氢钠和甲萘醌的合成物。

【理化性质】 维生素 K_3 为白色结晶性粉末，有吸湿性，遇光易分解，易溶于水，遇碱还原易失效。

【作用于用途】 维生素 K 参与蛋白质合成，为肝脏合成凝血酶原，并能促进血浆凝固因子在肝脏内合成。如果维生素 K 缺乏，则肝脏合成凝血酶原、凝血因子发生障碍，引起凝血时间延长，容易出血不止。临床上主要用于维生素 K 缺乏症所致的出血症；防止长期内服广谱抗生素所引起的继发性维生素 K 缺乏性出血症；治疗胃肠炎、肝炎、阻塞性黄疸等导致的维生素 K 缺乏和低凝血酶原症。

【用法与用量】 维生素 K_3 注射液，家兔 10～15 毫克/次。

【注意事项】 维生素 K_3 不能与巴比妥类药物合用。

三、水溶性维生素

水溶性维生素主要包括 B 族维生素和维生素 C，它们在动物体内不宜储存，需要不断地从饲料中摄取，才能满足身体的需要。摄取多余的量能随尿液排出，因而毒性小。酵母中所含的水溶性维生素总称为 B 族维生素。

B 族维生素分两大类：释放能量的维生素，包括维生素 B_1、维生素 B_2、维生素 B_3，维生素 PP、维生素 H；造血维生素，包括维生素 B_{11}、维生素 B_{12}。维生素 B_6 可以属于两类中的任何一类。

维生素 B_1

【别名】 盐酸硫胺、硫胺素、抗神经炎素。

【理化性质】 白色细小结晶，有微弱的特异性臭味。味苦，易溶于水，水溶液呈酸性反应，在酸性溶液中稳定，在碱性溶液中易分解、失效。

【作用与用途】 本品具有动物体内糖代谢的作用，并且是维持神经传导、心脏和胃肠道正常功能所不能缺少的物质。当维生素 B_1 缺乏时，患兔出现食欲下降、生长不良、呕吐、下痢、贫血，血液循环障碍；出现多发性神经炎、心肌炎时，正常的生殖功能也能受到影响。母兔会出现卵巢功能降低、卵泡发育停滞；妊娠的母兔会出现胚胎吸收、空怀、流产、死胎或产弱仔；母兔的泌乳力下降；公兔性功能降低，精液品质差等。

本品主要用于维生素 B_1 缺乏症，维持种兔正常的繁殖功能。

【用法与用量】

（1）种兔每千克体重每天的维持量为 3~5 毫克，每只种兔每天的维持量为 20 毫克左右。

（2）混饲，每千克饲料添加量为 100~125 毫克。

（3）治疗用，肌内注射 20~25 毫克/次。每天 1 次，连续5~7 天。

【注意事项】

（1）本品应密封、避光保存。

（2）本品与抗硫胺类药物有拮抗作用，不能同时使用。

（3）本品对氨苄青霉素、氯霉素、先锋霉素、多黏菌素、制霉菌素均有不同程度的灭活作用，不能同时应用。

维生素 B_2

【别名】 核黄素、生长维生素、维生素 G。

【理化性质】 饲用维生素 B_2 主要有两种产品，即核黄素和核黄素 - 5' - 磷酸钠。广泛存在于酵母、青饲料、麦麸、豆类中。本品为橙黄色结晶，微溶于水，在酸性溶液中稳定，耐热，但易被光和碱破坏，应避光、密封保存。

【作用与用途】 维生素 B_2 为动物体内黄酶类辅基，在生物氧化还原中发挥递氧作用。它还能参与体内糖类、蛋白质、脂肪代谢。维生素 B_2 缺乏时，黄素酶类活性降低，生物氧化能力减弱，使体内的物质代谢发生障碍，饲料转化率降低，主要表现为生长迟滞、皮炎、脱毛、角膜炎，食欲不振，慢性腹泻等。

本品主要用于维生素 B_2 缺乏症，并常与维生素 B_1 合用。

【用法与用量】

（1）内服：每千克体重 0.1~0.2 毫克。

（2）混饲：每千克饲料 2.0~3.0 毫克。

【注意事项】 维生素 B_2 能使氨苄青霉素、红霉素、先锋霉素、四环素、金霉素、土霉素、链霉素、卡那霉素、氯霉素、林可霉素、多黏菌素等都有不同程度的失去活性作用，能使制霉菌素完全丧失抗真菌活力。故本品不能与上述抗生素合用。

烟酸

【别名】　本品抗癞皮病维生素、维生素 PP、维生素 B_5、尼克酸、烟酰胺、尼克酰胺。

【理化性质】　为无色针状结晶，味微酸，微溶于水和乙醇，不为光、热、氧、酸、碱所破坏，在水中呈酸性，稳定性好。烟酰胺为白色至微黄色粉末，无臭，味苦，易溶于水和乙醇，对光、热、氧均稳定，在强酸、强碱中加热即水解生成烟酸。

【作用与用途】　烟酸胺在动物体内与核糖、磷、腺嘌呤构成辅酶Ⅰ和辅酶Ⅱ，两者参与体内代谢过程，以促进生物氧化还原，发挥递氧作用，促进组织新陈代谢。烟酸在体内变成烟酰胺，才能发挥上述作用。烟酸还有较强的外周血管扩张作用。

当饲料中玉米用量过大，不用豆粕和麦麸，可发生烟酸缺乏症，会出现生长迟缓、腹泻、皮肤粗糙等症状。本品主要用于烟酸缺乏症。

【用法与用量】

（1）内服：每千克体重 0.2～0.6 毫克/次，每天 2 次。

（2）混饲：每千克饲料 6～12 毫克。

维生素 B_6

【别名】　吡哆辛羟基吡啶、抗皮炎素、吡哆醇、吡哆醛、吡哆胺。

【理化性质】　本品为白色结晶性粉末，无臭，味酸微苦，易溶于水，微溶于乙醇，在酸性溶液中稳定，遇碱、遇光、高温均会被破坏。

【作用与用途】 维生素 B_6 在体内与三磷酸腺苷经过酶的作用，形成有生理活性的磷酸吡哆醛和磷酸吡哆胺，是氨基酸代谢中重要的辅酶。当家兔缺乏维生素 B_6 时，可出现皮炎、脱毛、仔兔贫血、衰弱和痉挛等症状。

兽医临床上维生素 B_6 主要用于其缺乏症的治疗，在治疗维生素 B_1、维生素 B_2 和维生素 PP 缺乏症时，合用维生素 B_6 可以提高综合疗效。维生素 B_6 还可以用于异烟肼、氰乙酰肼等药物中毒时所引起的胃肠道反应和痉挛等症状。

【用法与用量】 肌内或皮下注射，100~150 毫克/次，连用 7 天为 1 个疗程；内服，每次 50~100 毫克/次，每天 2 次，连用 7 天为 1 个疗程；混饲，每千克饲料 30~50 毫克。

叶酸

【别名】 维生素 B_{11}、抗贫血因子、维生素 M。

【理化性质】 黄色或橙黄色的结晶性粉末。无臭，易溶于稀酸、稀碱，不溶于水和乙醇。遇光、热、酸、碱、胆碱、氧化还原剂分解。干粉较为稳定。

【作用与用途】 叶酸不具有生物活性。在动物体内经过氧化还原反应后，生成四氢叶酸才有生理活性，参与核酸代谢和核蛋白合成，与维生素 B_{12} 和维生素 C 共同促进红细胞的生成和成熟，并有促进免疫球蛋白的生成、提高胆碱酯酶的活性、保护肝脏等功能。

缺乏叶酸时，仔、幼兔生长缓慢，发生下痢、脱毛、贫血等。母兔繁殖和泌乳功能紊乱，胎儿发育不良，出现畸形。

【用法与用量】 混饲，每千克饲料 3~6 毫克。

【注意事项】

（1）保存环境：必须在避光、阴凉、干燥处保存，保质期 3 年。

（2）叶酸在饲料中稳定，但在含氧化胆碱和微量元素的预混料中稳定性差。

（3）长期使用抗生素和磺胺类药物，易导致叶酸缺乏，应注意添加。

泛酸

【别名】　维生素 B_3、遍多酸。

【理化性质】　泛酸游离性质不稳定，吸湿性很强，故化学合成制成泛酸钠使用。泛酸钙为白色粉末，无臭，味微苦，有吸湿性；水溶液为中性或弱碱性。本品在水中易溶，在乙醇中极微溶解，在氯仿或乙醚中几乎不溶。

【作用与用途】　泛酸是辅酶 A 的组成部分之一，参与糖类、脂肪、蛋白质代谢，是动物体内乙酰辅酶 A 的生成和乙酰化反应等不可缺少的物质。泛酸缺乏时，常出现后肢麻痹或发生惊厥和昏迷，以及被毛稀疏、繁殖障碍等。

本品在兽医临床上用于泛酸缺乏症。在治疗其他维生素缺乏症时，同时加泛酸，可以提高疗效。

【用法与用量】　混饲：100 千克饲料加 1.2 ~ 1.5 克。

胆碱

【别名】　维生素 B_4。青绿饲料中含量丰富。动物肝脏能少量合成。饲料中常添加的是氯化胆碱。

【理化性质】　氯化胆碱的干粉为白色粉末。味苦，有异臭味，易溶于水、乙醇，有吸湿性。

【作用与用途】　属于 B 族维生素，胆碱可为动物体内提供甲基，与半胱氨酸结合生成蛋氨酸，此蛋氨酸只起转甲基作用，加速蛋白质合成。胆碱还参与神经冲动的传递，具有保肝、防病、解毒、提高饲料利用率、促进生长发育的功能。缺乏时仔、幼兔生长不良，肝脂肪变性，骨骼与关节变形，步态不稳，死亡率增加。

胆碱在兽医临床上主要用于促进幼兔生长、防治脂肪肝、贫血等。

【用法与用量】 50%的氯化胆碱混饲：用于预防疾病，每千克饲料1~2克，用于促进幼兔生长，每千克饲料0.6克。

50%氯化胆碱粉剂为白色或黄褐色粉末，有吸湿性，有异臭味；液态氯化胆碱吸附于淀粉、脱脂米糠、玉米粉、无水硅酸等成粉剂，含量50%，颜色随辅料而异；另外有98%氯化胆碱结晶体。

【注意事项】

（1）长期使用抗生素、磺胺类药物容易发生氯化胆碱缺乏症，但是胆碱添加过量，会影响钙、磷的吸收。

（2）氯化胆碱的碱性很强，与维生素混合包装能破坏维生素A、维生素K、维生素B_6等，故应单独包装。

（3）应放置在干燥、阴凉处保存。

维生素B_{12}

【别名】 氰钴胺素、钴维生素、蛋白因子。

【理化性质】 深红色结晶或结晶性粉末。有吸湿性，无臭，无味，稍溶于水。可被还原剂、氧化剂、维生素C、锰、铁、醛类物质破坏。

【作用与用途】 参与动物体内甲基转换和叶酸代谢，与糖类、蛋白质和脂肪的代谢有关，对神经功能的维持及红细胞成熟均有促进作用，可以防治恶性贫血，提高植物性蛋白质的利用率。缺乏时生长阶段的动物食欲减退，消瘦，生长障碍，后肢疼痛、运动失调。母兔受胎率低，易流产。

主要用于维生素B_{12}缺少引起的贫血，仔、幼兔生长缓慢，运动失调等，生长阶段的兔要保证维生素 B_{12} 的添加量，或在饲料中添加一些含维生素 B_{12} 的抗生素，促进生长。

【用法与用量】　种兔和生长兔每千克日粮添加量为 10～40 微克；据报道，按规定量添加，植物性蛋白的利用率可提高 15%，饲料转化率可提高 8%～10%。

【注意事项】

（1）保存环境为避光、干燥、阴凉处，避免受热和振动。

（2）在饲料中稳定，稀释剂每天效价可降低 1%～2%。

（3）长期使用抗生素或磺胺类药物，易发生维生素 B_{12} 缺乏症。

（4）商品维生素 B_{12} 添加剂含氰钴素 1%，也有的产品标记为维生素 B_{12} –600、维生素 B_{12} –300、维生素 B_{12} –60，分别表示每磅含有维生素 B_{12} 600 毫克、300 毫克、60 毫克。

生物素

【别名】　维生素 H、维生素 B_7，是一种硫环状化合物，只有 D –生物素（左旋异物体）存在于自然界，且具有生物活性。在饲料中常与赖氨酸结合在一起。

【理化性质】　白色或淡黄色粉末，无臭。干燥结晶的 D –生物素对热、空气稳定，易被紫外线、氧化剂、强酸、强碱、甲醛等破坏。在动物细胞中，生物素游离存在或与蛋白质结合。

【作用与用途】　生物素在动物体内以辅酶的形式参与糖类、蛋白质、脂肪的代谢过程。生物素是维持家兔皮肤、毛、生殖和神经系统发育所不可缺少的，还可以提高饲料利用率、增重等。缺乏时生长缓慢，繁殖障碍，出现皮炎、脱毛、皮肤角质化等。

主要用于维生素 H 缺乏所引起的病变及营养不良的辅助调节剂。

【用法与用量】　混饲：仔、幼兔期每千克饲料 80～120 微克，种兔 150～200 微克。

【注意事项】

（1）保存环境为避光、干燥、阴凉处。

（2）常温下比较稳定，每月效价要降低 1% 以下。

（3）日粮中加抗生素或磺胺类药物，适当补加生物素。

维生素 C

【别名】 抗坏血酸。

【理化性质】 白色结晶或结晶性粉末，无臭，味酸，久置色渐变微黄。左旋体具有生物活性。水溶液呈酸性反应，遇热碱易迅速破坏，在空气中也易氧化失效。

【作用与用途】 参与体内糖代谢及氧化还原过程，参与细胞间质的生成，降低毛细血管的脆性，加速血液凝固；具有解毒功能，增加动物体对感染的抵抗力；能促进叶酸生成形成四氢叶酸；增加铁在肠道中的吸收。

主要用于防止维生素 C 缺乏症、慢性消耗性疾病、坏血病，也可用于急慢性中毒，各种贫血、严重创伤或烧伤，慢性感染、高热性疾病、风湿性疾病，高铁血红蛋白症的辅助治疗。

【用法与用量】

（1）抗热应激：在饲料中添加，每千克饲料 100～200 毫克。

（2）治疗维生素 C 缺乏症：肌内或静脉注射，10% 的维生素 C 注射液，成年兔每次 3～5 毫升/次，每天 1 次。

（3）成年母兔喂维生素原粉每只每天 50 毫克，可预防产后小兔体质弱。

【注意事项】

（1）乙酰水杨酸、四环素等可使维生素 C 在尿中排泄显著加快，不宜配合使用。

（2）维生素 C 对氨苄青霉素，先锋霉素（Ⅰ、Ⅱ）、四环素、土霉素、多西霉素、红霉素，卡那霉素、链霉素、氯霉素、林可霉素、多黏菌素都有不同程度的灭活作用，不可同时使用。

（3）维生素 C 与磺胺类药物同时使用，可促使磺胺类药物在肾脏内形成结晶，也不能同时使用。

（4）忌与铁盐、氧化剂、重金属盐、碱性较强的注射剂配合使用。

第二节　矿物质元素添加剂

矿物质元素在养兔生产中往饲料中添加，属于营养性添加剂。可以分为两大部分，即常量矿物质元素和微量矿物质元素。其区分方法是：在动物体内占 0.01% 以上的元素，称为常量元素，如钙、磷、镁、钾、钠、氯、硫；在动物体内占 0.01% 以下的元素称微量元素，如铁、铜、锰、锌、硒、碘等。

常量元素称为矿物质饲料，主要来源于天然矿物质、化学合成品和加工的动物副产品等。微量元素含量甚微，通常每千克日粮的添加量以毫克或微克计算，但生理功能却很大，缺乏了就会影响动物的生理功能。

一、常量元素

（一）钙及其补充物

钙约占动物体内所含无机物的 70%，是动物牙齿、骨骼的重要组成元素。血钙可以维持神经肌肉的兴奋性，参与血液凝固过程。钙对家兔生长发育和生产水平十分重要，一般配合饲料中规定钙和磷的比例应为 1:0.8 左右。

植物饲料中钙常与植物形成难以吸收的螯合物，吸收率比无机钙要低。钙常与草酸结合形成难以吸收的草酸钙。钙缺乏时妊娠母兔胎儿发育障碍、哺乳母兔瘫痪、生长兔出现佝偻病等。维生素 D 可促进饲料中钙、磷的吸收，合成氨基酸能促进钙的吸收，脂肪含量高能降低钙的吸收。

含钙补充物：

（1）石灰石粉：石灰石粉含碳酸钙 90% 以上。含钙 33% ~ 38%，是家兔补充钙常用的原料，也是其他矿物质元素添加剂的载体和稀释物，为白色粉末，不吸湿。我国规定的标准：含水量 ≤1.0%，重金属（以铅计算）≤0.003%，砷 ≤0.000 2%。碳酸钙不可与酸接触，应存放于阴凉干燥处。

（2）方解石、白垩石、白云石：以上三种石都以碳酸钙为主要成分，含钙量为 21% ~38%。

（3）贝壳粉：贝壳粉含碳酸钙 96.40%，折合钙为 38.6%，是以含钙为主的兼含其他微量元素的补充物。

（二）磷及其补充物

磷几乎存在于所有细胞中，为细胞生成和分化所必需的矿物质。植物饲料如饼粕、糠麸和谷物中有近 2/3 的磷以草酸形式存在，利用率很低。

磷是保证动物体内代谢正常进行所必需的物质，也是组成酶的一部分，对体内物质代谢有重要的作用；磷酸钙是组成血液缓冲体系的一部分，对血液的酸碱平衡起着调节作用。

含磷补充物：

（1）磷酸氢钙：磷酸氢钙是常用的补磷剂，多用磷矿石制成。分二水盐和无机盐两种。二水盐的利用率最好，是含 2 个结晶水的磷酸氢钙。其产品为白色粉末，我国标准含磷为 16%，含钙 ≥21%，含砷、铅和氟化物分别为 ≤0.003%、≤0.002%、≤0.18%。

（2）骨粉：骨粉含磷酸钙，钙、磷为 2:1，多用蒸制骨粉，其生物学价值比植物中的高。

（3）磷酸一钙及其水合物：磷酸一钙及其水合物含磷 21%、

钙20%，饲用产品含氟不得高于含磷量的1%。

（4）磷酸三钙：又名磷酸钙，含磷20.0%、含钙≥38.7%，含氟量要求不得高于含磷量1%。

（三）氯、钠、钾及其补充物

氯和钠存于动物体液内，保持细胞和体液渗透压的平衡，并参与水的代谢，调节心脏和肌肉活动，刺激唾液分泌，促进食欲。胃中氯和氢离子结合成为盐酸，增加胃蛋白酶活化，保持胃液呈酸性，有杀菌作用。氯和钠能传递神经冲动，促进氨基酸和糖类的利用。体细胞内外，以氯化钠及盐酸形式存在。食盐中含氯量为60.66%，血液中约含氯化钠0.56%。0.95%的氯化钠水溶液与哺乳动物体液等渗，称为生理盐水。盐酸是胃液的主要成分，胃液中含盐酸0.05%~0.057%。钾是细胞内的阳离子，参与很多生物化学反应，维持动物机体的心脏功能、肌肉活动和神经传导。

植物性饲料中含氯和钠很少，应在兔饲料中进行添加，家兔饲料中食料添加量为0.5%左右。若长期缺乏食盐，可引起家兔食欲不振，精神不好，生长缓慢；种兔会出现繁殖力下降、泌乳量降低。

钾多以磷酸钾的形式存在于肌肉、红细胞、肝脏及脑组织中。钾是细胞的组成部分，对肌肉组织的兴奋性及红血球的发生有特殊的生理功能。钾盐能促进新陈代谢，有助于消化。钾添加量不足，可以引起幼兔生长受阻；成年兔食欲减退，发情不规律，不易受孕。钾盐大量存在于植物性饲料中，在正常的饲养条件下，兔不会缺钾。夏季高温条件下，在家兔饲料中或饮水中补充0.2%~0.4%，可增加其耐热性，预防热应激。

碳酸氢钠（小苏打）作为电解质，能维持机体的渗透压、酸碱平衡等。高温环境下在饲料中添加1%，可以预防热应激，促进生长。

（四）镁及其补充物

镁在骨骼中与钙共存，在体液中与磷共存，在动物体内为酶的活化剂，参与糖和脂肪代谢。神经冲动和肌肉收缩等必须有镁离子参与。夏季雨量充沛，牧草生长快时则含镁量不足。

饲料中，镁添加过量也会造成食量减少。植物中含镁量较多。如棉籽、糠麸、甜菜、青饲料、胡萝卜等，一般不会缺乏，草食动物一般每天每千克体重需 2～3 毫克。

镁的补充物为氧化镁、硫酸镁、碳酸镁等盐类。

（1）氧化镁：为白色粉末或细颗粒，有吸水性。适口性好，致泻性小，是较好的镁添加剂。产品纯度为 89%，其中镁含量为 51%～59%。

（2）硫酸镁：无色柱状或针状结晶，有苦咸味，溶于水，稳定性好。产品纯度为 93%，其中含镁≥16%、硫≤21%，含砷、重金属在 0.000 4% 和 0.001% 以下。采用时应注意其有致腹泻特性。

（五）硫及其补充物

硫是动物体内胱氨酸、半胱氨酸、蛋氨酸、硫氨酸、生物素、肝素、谷胱甘肽和辅酶等生理活性物质的组成部分。蛋白质饲料如饼粕中富含硫。家兔一般不会缺乏硫。但生产中证明在家兔饲料中适当加入一些无机硫，可提高长毛兔的产毛量和提高獭兔毛被密度，例如硫酸锌、硫酸铜、硫酸亚铁、硫化钴配成预混剂按 1% 加入长毛兔饲料中，可提高产毛量 20%。獭兔不添加蛋氨酸的条件下被毛仍然很好。

硫的补充物有以下几种：

（1）硫酸钙：二水盐（石膏）与无水盐（软石膏）两种。二水盐为补硫、补钙制剂，外观为白色粉末，溶解度低。生物利用率较好。产品硫酸钙≥90%，其中含硫≥17%，含钙≥21%。

（2）硫酸钾：为无色或白色粉末。产品含硫 17% 以上，含钾41%以上。作用为补硫、补钾。

（3）硫酸钠：又名芒硝，为无色透明柱状结晶，易溶于水。产品含量不低于99%。可作为蛋白质的增效剂，主要是硫的作用，添加量为0.5%，也可增加毛被品质。

二、微量元素

（一）铁及其补充物

铁参与组成铁血黄素、铁蛋白、肌红蛋白、血红蛋白、转铁蛋白及所有含铁酶类。肝、脾为动物体的储铁器官。家兔缺铁表现为贫血、生长缓慢、被毛粗乱。

铁的补充物主要为硫酸亚铁、柠檬酸铁、葡萄糖酸铁、氯化铁等，吸收率高。其余的铁盐吸收率低。

硫酸亚铁为浅绿色结晶性粉末，吸水性强，含量为98%，其中铁的含量为19.68%。放置久了能结块，制成预混剂时应经烘干焙烧处理，使之转变成为一水硫酸亚铁。硫酸亚铁对棉籽饼中棉酚有解毒作用。硫酸亚铁长期暴露在潮湿空气中，有些二价铁会变成三价铁，利用率降低。

（二）铜及其补充物

铜在高等动物体内分布于肝、心、肾、脑、脾、甲状腺、肌肉、骨骼、皮肤、毛等处，是许多酶的成分或活化物，参与血和骨骼组成。体内铜缺乏或过量都会影响动物体内各组织、器官的正常发育，对造血、被毛、免疫系统、中枢神经系统，繁殖功能均有很大的影响。家兔缺乏铜时表现为食欲异常、被毛不佳、关节异常，仔、幼兔生长受阻、贫血、腹泻等。

饲料原料中含铜较高的有饼粕、豆类、糠麸等。

每千克饲料中铜需要量参考值为：5～10毫克；治疗缺乏症时用硫酸铜内服：家兔每天5～10毫克，连服15～20天。

铜的补充物有硫酸铜、氧化铜。

（1）硫酸铜：为蓝色结晶性粉末，易潮解。产品含硫酸铜≥98.0%，其中铜含量≥25.5%，有不同规格。工业硫酸铜不能饲用。硫酸铜易吸湿，不易混匀，长期保存易结块。在饲料中对多种维生素有破坏性，能促进不饱和脂肪酸氧化，并使脂肪酸败。

（2）氧化铜：为黑色或黑褐色粉末。产品含氧化铜95%，其中含铜75%，不易结块，可久存。在复合制剂中对其他营养物没有破坏作用，国外多用该产品。

（三）锰及其补充物

锰存于动物所有组织中，骨、肝、脾、胰脏及脑组织中含量很高。锰参与动物体内许多酶的组成，且能激活许多酶，通过酶的作用，参与蛋白质、脂肪、糖类的代谢。锰对兔生长发育、繁殖、骨骼基质形成，都有重要作用。缺乏锰能出现生长停止、运动失调、骨骼畸形、生殖功能紊乱。但过量也能引起生长迟缓。

糠麸、饼粕、豆类、甘薯叶、桉树叶中含量高，家兔可以在植物性饲料中获得足量锰。但玉米中含量低，玉米用量高时可以适当补锰。家兔每天每只（成兔）需锰量参考值为30~50毫克，饲料中添加30~50毫克/千克。

锰的添加物有以下几种：

（1）硫酸锰：为白色结晶性粉末，可溶于水。溶解度高者品质优，稳定性好，产品含硫酸锰98%，其中含锰32.5%。含锰高的为佳品。高温、高湿环境易结块，不易储存。

（2）碳酸锰：为细粉末，呈淡褐色或粉红色，难溶于水。产品含碳酸锰≥93%，其中含锰44.5%。

（3）氧化锰：为褐色粉末，无潮解性。产品含氧化锰77.7%，其中含锰55%，含砷0.007%。产品中含二氧化锰不得超过总量的5%，否则需要增加补充锰量。

（四）锌及其补充物

锌以较高的浓度分布于动物体内各组织器官中。在前列腺和眼中含量最高，其次是肌肉、骨骼、皮毛、肝脏、胰脏等。锌是动物体内许多酶、蛋白质和核糖等的组成部分。它参与糖类、蛋白质和脂肪代谢，且与脂溶性维生素、微量元素和激素在体内分布密切相关。

含锌量高的饲料原料有鱼粉、酵母、糠麸、饼粕、谷物。但一般难以满足动物日常的需要，必须经常添加。

锌的缺乏可引起食欲缺乏、生长迟缓、无繁殖力和皮肤炎症等。日粮中锌添加量家兔为 50～60 毫克/千克。

锌的补充物有以下几种：

（1）硫酸锌：乳黄色或白色结晶性粉末，易溶于水。产品硫酸锌含量为 98%，其中含锌量 35%。产品含一个结晶水的硫酸锌 1 摩尔重量为 161.5 g，含锌 40.5%。另有含 7 个结晶水的硫酸锌，含锌 22.7%。

（2）氧化锌：为白色粉末，有恶臭，稳定性好，不溶于水。产品含氧化锌 89%～91%，其中含锌 70%～80%，氧化锌的含锌量几乎为硫酸锌的 2 倍。

（3）碳酸锌：为白色粉末，不溶于水，含锌量为 55%～60%。

（五）硒及其补充物

硒存在于动物全身细胞中，以肾脏、肝脏、肌肉中含量最高。硒在动物体内通过抗氧化作用，保持生物膜结构不受氧化损伤；参与辅酶 A、辅酶 Q 的合成，对蛋白质合成、糖类代谢、生物氧化都有影响；硒能促进生长发育、提高繁殖性能和各种营养物质的消化率。饲料中以鱼粉、酵母粉含硒量最高。若每千克饲料含硒量低于 0.03 毫克，即可出现硒缺乏症状，每千克饲料高于 5～10 毫克，即出现中毒现象。

硒缺乏时家兔会出现生长停滞、繁殖紊乱、肌肉萎缩、心肌变性，并有微血管损伤，水肿、肝坏死、肌纤维坏死出现白肌病。硒过量会出现中毒，兔表现为消瘦、脱毛、运动失调、呼吸困难等。

预防硒缺乏，每千克饲料中生长兔含量应达 0.15~0.20 毫克，治疗缺硒症用 0.1% 的亚硒酸钠注射液；1~2 千克的兔 1 毫升，成年兔 1.5 毫升。

常用的补硒产品有很多，但亚硒酸钠利用率为 100%，硒酸钠为 89%，所以这两种最常用。

（1）亚硒酸钠：为无色或白色粉末，微溶于水，产品含亚硒酸钠≥98.0%，其中含硒 44.7%，含水分≥2%。

（2）硒酸钠：为白色结晶性粉末，易溶于水。含硒 40% 以上。

无机硒毒性大，有致癌作用，残留物污染环境。

现在为提高硒的利用率和安全性，科学工作者已将亚硒酸钠转换成有机型硒——硒代蛋氨酸和强化酵母硒等有机产品。

（六）碘及其补充物

碘存在于甲状腺中，为甲状腺素的重要组成部分，与动物的基础代谢有密切的关系。有调节动物体新陈代谢、促进蛋白质合成、控制细胞能量代谢和氧化水平，加速机体生长发育等作用。

碘缺乏时引起甲状腺肿大和功能紊乱，生长发育缓慢，生产性能和繁殖性能降低，新陈代谢障碍，皮干、毛脆。性腺和性功能异常。成年兔每天每只需要量为 0.05~0.10 毫克。碘或碘酸盐在饲料加工或储存过程中注意防潮、防晒、不易储存过久，否则碘会失去效力。

（1）碘化钾：为白色结晶性粉末，有苦咸味，易潮湿，易溶于水。产品含碘化钠≥99%，其中含碘 75.7%。潮解后部分碘会形成碘酸盐，影响利用率。长期露置于空气中，因释放出碘使产品成黄色。与其他金属盐混合，易释放出游离碘对预混料中的抗生素、维生素都能造成破坏。

（2）碘酸钙：为白色或黄白色粉末，不易溶于水。产品含碘酸钙≥95%，其中含碘≥60%。可代替碘化钾、碘化钠防霉、防腐。兔每100千克饲料可添加碘酸钙0.03克。

（七）钴及其补充物

钴存在于动物的各器官中，以肝脏、肾脏、肾上腺、脾脏、胰脏和胃组织中含量多。维生素 B_{12} 成分中含4.5%的钴。钴具有激活精氨酸酶等作用，抑制细胞色素氧化酶等活性，与糖类和蛋白质代谢有关，参与维生素 A、维生素 B、维生素 C、维生素 D 合成。

钴缺乏时表现为家兔食欲不好、营养不良、发育迟滞、造血功能障碍出现恶性贫血、性功能破坏，公兔精液品质差，性功能低，母兔空怀或妊娠母兔易流产等。

补充钴时，每千克全价配合饲料中需添加钴量为0.5～1毫克。

钴的补充物有以下几种：

（1）氯化钴：为红色或紫红色结晶性粉末。产品含氯化钴≥98%，其中含钴量≥24.3%。

（2）硫酸钴：含7个结晶水的硫酸钴为红色或紫红色结晶性粉末。吸水性较低，可溶于水。产品含硫酸钴为86.7%～87.2%，其中含钴32%～33%，久存易结块。

（3）碳酸钴：为粉红色或紫红色粉末。难溶于水，吸水性低。产品含碳酸钴为92.7%～93.5%，其中含钴≥46%～46.4%，可较久保存。

第三节　氨基酸

一、概述

蛋白质是家兔生长所需的最重要的营养素，家兔食入的蛋白质经过胃、肠道消化分解，多以氨基酸的形式被吸收利用。再由家兔体内合成自身所需的蛋白质，除长身体以外还要长毛被。家兔合成蛋白质需要 20 多种氨基酸，而且要求各种氨基酸之间有合理的比例。兔体内可以通过一定的途径产生一部分氨基酸，这部分氨基酸称为非必需氨基酸；另一部分氨基酸动物体内不能自己合成，必须从饲料中摄取，这一部分氨基酸称为必需氨基酸。家兔所需必需氨基酸有 8 种，即赖氨酸、蛋氨酸、色氨酸、苏氨酸、亮氨酸、异亮氨酸、苯丙氨酸、缬氨酸。这些氨基酸又分成两大类：一类是在常用的饲料中含量较多，可以满足家兔需要；另一种在常用饲料中含量较少，不能满足其营养需要，则称为限制性氨基酸。缺乏这类氨基酸会限制其他氨基酸的利用，影响动物体对蛋白质的合成，致使动物生长发育受阻，生产性能下降。不同生长阶段，不同日粮组成，所需限制性氨基酸的种类也不相同，例如生长兔，特别是体型大的獭兔，3 月龄以前的快速生长期，需要高能量、高蛋白的饲料，玉米和豆粕在饲料中占的比例大，第一限制性氨基酸为赖氨酸、第二限制性氨基酸为色氨酸。添加氨基酸必须根据营养需要和基础饲料中氨基酸的含量、消化率来确定添加种类和数量。盲目添加会造成浪费，某些氨基酸的过量添加，甚至会影响氨基酸的消化、吸收和利用。

二、用于饲料的主要氨基酸

（一）L - 赖氨酸盐酸盐

L - 赖氨酸盐酸盐又称 L - 2，6 - 二氨基乙酸单盐酸盐，是赖氨酸的 L 型旋光异构体。含有15.3% ~19.1% 的氮，粗蛋白质中含量为95%。白色或淡黄色粉末。日本规定含量为98.5% 以上的赖氨酸盐酸盐，其中含赖氨酸为78%，所以计算 L - 赖氨酸用量时，要以 78% 来计算。一般生长兔饲料中添加量为 0.05% ~0.3%。

赖氨酸为碱性氨基酸，是兔的必需氨基酸，可增强食欲，促进生长，加快骨骼钙化，提高抗病力。日粮中如果缺乏赖氨酸，家兔被毛粗乱，氮代谢紊乱，生长速度明显下降。特别是幼兔期缺乏赖氨酸会出现生长停滞，消瘦，骨骼钙化失常。

赖氨酸吸收比其他氨基酸慢。在谷物中含量低，制定饲料配方时一定注意添加。

D - 赖氨酸不能利用。DL - 赖氨酸价格便宜，要确认其含量，购买时应注意。

（二）DL - 蛋氨酸

DL - 蛋氨酸又称甲硫氨酸。白色或淡黄色结晶性粉末。略有硫化物的气味，溶于水、稀碱和稀酸，难溶于醇，不溶于醚。产品含量为 98.5% ~ 99%，一般饲料中添加量为 0.05% ~ 0.3%，可提高蛋白质利用率2% ~3%。产品放在干燥阴暗处可存放一年。

蛋氨酸为含硫氨基酸，是家兔体内的必需氨基酸，主要参与家兔体内蛋白质的合成，可转变为胱氨酸和半胱氨酸，提高增重、促进毛的生长。缺乏后表现为发育不良、肌肉萎缩、毛被粗乱，肝、肾功能障碍。

（三）DL－色氨酸

本产品为无色或淡黄色晶体，有特殊气味，难溶于水。含纯品97%以上，含氮量为13.7%。一般饲料中添加量为0.02% ~ 0.05%，即每1 000千克饲料中添加100~500克，是日粮中容易缺少的氨基酸之一。

色氨酸可转化为烟酸，有助于烟酸、血红素的合成，增加体内 γ－球蛋白，提高对疾病的抵抗力，促进维生素 B_2 发挥作用，参与血浆蛋白的更新。日粮中缺乏时家兔生长缓慢，体重增加缓慢，繁殖功能紊乱。

（四）甘氨酸

甘氨酸又称氨基乙酸，为淡黄色或白色结晶性粉末，溶于水。纯品含量为97%以上。

甘氨酸在动物性饲料中含量丰富，植物性饲料中含量极少。哺乳动物体内可以自行合成，一般不会缺乏。适当在幼兔饲料中添加有助于防腹泻。

（五）L－苏氨酸

本品为无色至微黄色结晶。有微弱的特殊气味，易溶于水。

以小麦为主的饲料中需添加苏氨酸。家兔的全价配合饲料所用的热量饲料是以玉米为主时，不必添加。

（六）L－缬氨酸

L－缬氨酸又名L－2－氨基异戊酸。

白色结晶，溶于水，不用时密闭保存。

主要功能是保护神经系统的正常功能。

（七）L－亮氨酸

L－亮氨酸又称白氨酸、异乙氨酸。

功能是合成血浆蛋白和身体内的组织蛋白。可提高食欲，增加体重，缺乏时体重下降明显。

（八）异亮氨酸

异亮氨酸又称异白氨酸。

白色片状结晶，溶于水。需密闭保存。

与亮氨酸共同参与动物体内蛋白质的合成。缺乏时外源氮利用很差，体重下降。

（九）精氨酸

精氨酸又名 L – 胍基戊氨酸。

白色结晶，溶于水，为碱性氨基酸。应避光、密封保存。缺乏时体重增加缓慢。公兔精子生成受阻。

三、常用饲料原料中氨基酸的特点

（一）玉米

玉米是能量饲料的主体，主要含淀粉，蛋白质含量低，约为 8.65%，相应的氨基酸少，尤其是赖氨酸和色氨酸。

（二）大豆饼（粕）

大豆饼（粕）是植物性蛋白饲料。粗蛋白含量为 40% ~ 45%，其中除含硫氨基酸较少外，其他极为接近平衡氨基酸。其中赖氨酸是在饼粕饲料中含量最高的，平均为 2.41%，高的达 4%，蛋氨酸 + 胱氨酸为 0.71% ~ 1.08%、异亮氨酸为 2.39%、色氨酸为 1.85%、苏氨酸为 1.81%，含量都比较高，其他氨基酸还有 16 种之多。大豆饼含钙量低，含磷高，但利用率低。含矿物质 10 种以上，含硒偏低；维生素含 5 种以上，但维生素 E 偏低。大豆饼中的蛋白质消化率为 90% 左右。在实际应用中应添加商品级蛋氨酸和少量赖氨酸，以补充大豆饼中蛋氨酸的不足，同时也可以弥补加热过程中赖氨酸的损失。大豆饼含油多，大豆粕含油少，油中 85% 以上为不饱和脂肪酸。其中亚油酸占 50% 以上。

（三）菜籽饼（粕）

菜籽饼（粕）的原料是油菜籽，粗蛋白质含量为 35% ~ 40%，其中以蛋白质形式存在的有 80%，以游离氨基酸或核酸形式存在的为 20%。菜籽饼中各种氨基酸含量：赖氨酸为 2.0% ~ 2.5%，蛋氨酸为 0.4% ~ 0.8%，色氨酸为 0.4% ~ 0.8%，胱氨酸为 0.3% ~ 0.7%，精氨酸为 2.3% ~ 2.4%。与豆粕相比菜籽饼蛋白质和氨基酸的消化率均低。所含磷的利用率较高，含硒量也高，用量超过 5% 需脱毒处理。

（四）棉籽饼（粕）

棉籽饼（粕）由脱壳的棉仁制成，粗蛋白含量为 31.8% ~ 49.1%。含纤维素较多。其中氨基酸含量：精氨酸高达 3.6% ~ 3.8%，赖氨酸约为 1.4%，蛋氨酸 0.4%，蛋氨酸 + 胱氨酸为 0.87%。亮氨酸、苏氨酸和色氨酸等含量与豆粕相似。含钙量低，含磷多，75% 为有机磷，缺乏脂溶性维生素，含碘少。

家兔可以利用棉籽饼，消化率 80% 以上，但是用量大了有毒性，用量在 5% 以下不脱毒也可以，但用量超过 5% 以上的必须脱毒。

（五）花生仁饼

花生仁榨油后留下饼，干物质含量 88%，粗蛋白含量为 45.1%，目前养兔生产常与豆粕配合使用。其中氨基酸含量：蛋氨酸为 0.39%，赖氨酸为 1.35%，胱氨酸为 0.55%，亮氨酸 2.78%，异亮氨酸为 1.34%，精氨酸为 3.16%，苏氨酸为 1.23%，甘氨酸为 2.45%。

（六）芝麻饼

芝麻饼中干物质为 92.4%，粗蛋白为 41.6%，其中各种氨基酸含量：蛋氨酸为 1.19%，比豆粕和花生饼高。赖氨酸为 1.19%，胱氨酸为 0.59%，亮氨酸为 2.77%，异亮氨酸为 1.58%，精氨酸为 4.26%，苏氨酸为 1.58%，甘氨酸为 3.96%。

（七）向日葵仁饼

向日葵仁饼中干物质93%，粗蛋白含量42%。其中各种氨基酸含量：蛋氨酸为1.5%，赖氨酸为1.7%，胱氨酸为0.07%，亮氨酸为2.6%，异亮氨酸为2.1%，精氨酸为3.5%，苏氨酸为1.5%，甘氨酸为2.7%。

第四节 酶制剂

一、概述

酶是生物体活细胞产生的具有催化活性的蛋白质，是体内各种生物化学反应的催化剂。所有生物体内都存在着酶。目前使用的各种酶产品都是通过工业发酵的方法，由细菌或真菌产生，再按一定的生产工艺将酶提取出来，加工成制剂。

酶类的作用有两大特点：一是专一性，即一种酶只能催化一种生物化学反应，例如淀粉酶只能催化淀粉的分解，不能催化蛋白质分解；二是高催化效率，仅需微量的酶存在，就可以加速化学反应。

可用于饲料添加剂的酶类有胃蛋白酶、胰酶、淀粉酶、糖化酶和纤维素酶等。

二、常用酶制剂

近些年微生物产业化技术日益提高，很多酶已经可以用微生物发酵的方法生产。遗传工程的应用使酶的生产走上了工业化、规模化、标准化的道路，使产量大增。应用范围原来仅在食品领域，现在已发展到饲料领域。目前作为饲料添加剂的主要是消化酶，分别讲述如下：

（一）蛋白酶类

蛋白质是动物机体的重要组成物质，也是日粮主要组成成分之一，它能否消化吸收，利用率高低与蛋白酶有直接的关系。蛋白质是大分子物质，能否在消化道内分解成氨基酸被吸收利用，主要还由蛋白酶来催化降解完成。蛋白酶有酸性、中性和碱性之分。因为胃液是酸性、小肠液近中性，因此起主要作用的为酸性蛋白酶，其次为中性蛋白酶，碱性蛋白酶在胃、肠环境中不起作用。

（1）胃蛋白酶：产品是从猪胃黏膜中提取的，能使蛋白质多肽类分解为氨基酸。酸性蛋白酶能适应的 pH 值范围为 2.5 ~ 4。在仔兔补充饲料中、幼兔饲料中添加胃蛋白酶，有利于提高饲料的消化率，促进生长。

（2）胰蛋白酶：最适 pH 值的范围为 8，能把蛋白质分解为氨基酸，用于幼兔和老龄兔。

（3）菠萝蛋白酶：是从菠萝中提取的，最适 pH 值为 6.5 ~ 7.5，能使蛋白质分解为氨基酸，用于幼兔助消化。

（二）淀粉酶类

饲料中的淀粉不能被兔吸收、利用，需要经过消化液分解为糊精后，再糖化为果糖和葡萄糖，方能被兔吸收。饲料中使用的淀粉酶多为 β 型淀粉酶，添加时需要少量碳酸钠或碳酸氢钠，以中和胃酸，否则添加的淀粉酶在胃中很快失活。

（1）淀粉酶：是从麦芽中提取的，最适 pH 值为 5.3，分解淀粉为糊精或麦芽糖。用于幼兔或老龄兔饲料，有助于消化。

（2）液化型淀粉酶：从枯草杆菌培养液中提取。最适 pH 值为 4.5 ~ 6.0，可分解淀粉为葡萄糖。用于幼兔助消化。

（3）糖化淀粉酶：从白根霉菌培养液中提取。最适 pH 值为 4.8 ~ 5.2，可糖化淀粉为葡萄糖，用于幼兔饲料，有助于消化。

（三）纤维素分解酶

家兔是食草小家畜，饲草在全价配合饲料中占较大的比例，饲料中加入一定量的纤维素分解酶，可以提高饲料消化率和饲料转化率。目前常用的有以下两种：

（1）纤维素酶：从木霉培养物中提取，最适 pH 值为 3.5 ~ 5.3，可分解植物纤维素为糖，常用于反刍动物，单胃食草动物家兔也常用。

（2）半纤维素酶：从黑曲霉菌培养物中提取，分解植物中的半纤维素为糖，食草动物均可以使用。

（四）蛋白、脂肪分解酶类

常用的为胰酶，从动物的胰液中提取。最适 pH 值为 7.7 ~ 9.1，在偏酸环境条件下活性降低，甚至失去活性。能分解蛋白质为氨基酸；分解脂肪为脂肪酸、甘油。珍贵毛皮动物常用。家兔饲料中脂肪含量仅 3% ~ 5%，在复合酶中仅少量的脂肪酶。

（五）糖类分解酶

这类酶的作用是将多种糖类，如乳糖、蔗糖、麦芽糖等降解为单糖。常用的有乳糖酶，是从曲霉或酵母的培养物中提取的，最适 pH 值为 8，能分解乳糖为葡萄糖。该糖选择性强，仔兔补充饲料中加一些糖分解酶有助于乳糖的消化。

（六）酵母类

酵母素由酵母菌培养制得的菌体和酵母培养基组成的混合物。饲料添加剂用的酵母为黄褐色粉末，有特殊香味。药用酵母含粗蛋白 45% ~ 55%，无机盐（钙、磷、镁）7.5% ~ 9.0%，活性型维生素（维生素 A、维生素 B_1、维生素 B_2、维生素 D）约十多种，尤为重要的是，酵母中含有多种酶、未知生长因子和抗生素物质。

酵母菌体蛋白的营养价值比植物性蛋白好，其赖氨酸含量比大豆高，接近动物蛋白。色氨酸含量比大豆高 7 倍以上。常见的酵母有以下几种：

（1）串珠酵母：将酵母菌用纸浆工业废液培养，用加温法将酵母菌杀死、脱水、干燥制成。产品含粗蛋白低于40%。

（2）啤酒酵母：由啤酒生产过程中的麦汁培养物中的酵母菌体及该培养基的残渣所组成，经干燥制得。产品含粗蛋白40%左右，且含大量的B族维生素和硫酸钙。

（3）活性酵母：是仍保留原酵母菌活力的干酵母菌体，且有发酵能力。每克含1亿以上的酵母活菌。

（4）乙醇酵母：由制造乙醇培养液中的酵母菌体和发酵残渣组成，经低温浓缩干燥制成，产品粗蛋白含量40%以上。

（5）照射酵母：在前面所述非活性干酵母基础上，用紫外线照射，提高产品中维生素D的含量，使其具有抗佝偻病的功效。饲料酵母在一般日粮中添加10%～15%。

（七）复合酶

目前生产厂家生产的复合酶产品，多由微生物发酵生产及动、植物体中提取的高活性酶组合而成。包括β-葡聚糖酶为主的复合酶；果胶酶、纤维素酶为主的复合酶；淀粉酶、蛋白酶为主的复合酶；以糖化酶、果胶酶、淀粉酶、蛋白酶、纤维素酶为主的复合酶等。对饲料中营养物质降解优于单一酶的作用。

复合酶为干粉微粒状制品，有较好的稳定性，能承受饲料加工过程、胃酸条件和内源性蛋白酶的破坏。经稳定性处理的制剂，保质期可达6个月。

三、酶制剂应用时的注意事项

酶是一种特殊的蛋白质，使用时必须注意影响酶活力的各种因素，如最适pH值、环境温度等。应用时应重视以下几个方面的问题。

（一）用复合酶不用单一酶

酶具有严格的专一性和特异性，饲料中的营养素是多元的，选用酶制剂时必须选择两种以上的酶，即兔与其他草食动物选择复合酶中包括淀粉酶、蛋白酶、纤维素分解酶等。

（二）按其生理特点选用

要求选用的酶对家兔体内温度和 pH 值都有较宽的适应范围。家兔体温为 38.5~39.5 ℃，消化的温度 39 ℃左右。消化道各段的 pH 值：胃液 pH 值为 1.5~2.3。小肠 pH 值为 7.1~7.6，盲肠中 pH 值为 6.0~7.4。选择酶的种类时应根据家兔体内环境，尽量选择接近内环境条件的。

（三）要求耐热性好

酶很不稳定，容易在热、酸、碱、重金属或氧化剂的作用下失去活性。故在生产时就要选用耐高温酶的菌种；或对酶进行稳定化处理，如将酶吸附到载体上，可以提高其耐热性；或对酶采用化学修饰或基因工程处理，也可以显著提高其耐热性。

（四）根据日粮组成选择复合酶

家兔是草食动物，饲料配制后其中淀粉、蛋白质、纤维素都占比较大的比例，所以复合酶中必须有淀粉酶、蛋白酶、纤维素酶，因脂肪含量低，脂肪酶可有可无，靠内源消化酶都能充分消化。

（五）添加量

酶制剂添加过量或添加量不足都不起作用。复合酶配制和各种酶的用量都由饲料业的专家经过研究，针对动物种类和不同生长阶段的生理特点而设计生产的。选择复合酶所适应的畜种，就能改善饲料的利用率和提高畜种的生产力。

（六）酶制剂与其他添加剂配合的效果

酶制剂与微量元素添加剂、维生素添加剂、益生菌添加剂、抗生素等分别配合使用，都能加强这些添加剂的联合效应。

（七）使用方法

使用方法有两种：一种是用单一酶或复合酶直接加入饲料中混合均匀后饲喂动物；另一种是将酶制剂加入饲料中，人为调控好温度、湿度、pH 值，使酶与饲料充分混合后停放一段时间，让酶有充分的条件和时间来降解饲料中的大分子物质，这样经过酶分解后的饲料消化率和吸收率都会大大提高。既能避免消化道对酶的不良影响，充分发挥酶的作用，又能有高的消化率和吸收率，提高饲料报酬。

第五节　微生物添加剂

一、概述

微生物饲料添加剂是通过改善畜禽肠道菌群平衡而对动物施加有益影响的活菌微生物添加剂，是基于对肠道微生态学的深入研究，利用现代生物技术研制出继抗生素之后的新一代产品。在国外，20 世纪 60 年代初已经开始研究开发。目前，日本、美国、欧洲、中南美洲、中南亚等地均在使用，我国在这方面的研究 20 世纪 80 年代以来发展很快。中华人民共和国国家科学技术委员会"八五"期间下达了科技攻关课题"饲用微生物添加剂及其应用的研究"，取得的成果最近这些年在我国多个省份的养殖业上得到广泛应用，取得了很大的效果。

进入 21 世纪，伴随着生物科学与技术的飞速发展，消费结构、消费理念的变化，使得养殖业向着高效、安全、健康和环保的方向发展。而养殖业发展始终面临营养、保健、预防三大问题，三者互相影响、相互因果。现代畜牧业的发展，全价配合饲料不仅仅只提供全面的营养物质以满足家畜的需要，而且要充分考虑到饲料营养对动物的保健作用，以保证动物充分吸收和利用营养物质，提高饲料转化率和生产性能。

通过在饲料中添加以达到保健作用的物质有多种，如抗生素、维生素、氨基酸、微量元素、有机酸化剂、酶制剂、活性小分子肽等，这些物质都具有显著的保健作用和提高生产性能的作用。所有上述物质都是经过微生物发酵的方法制得的。现代技术配制的益生菌在动物肠道内进行正常生理活动所产生的代谢产物，都能帮助我们非常理想地解决全面微量物质营养问题。

动物养殖业中所有的微生态制剂包括有益菌活菌制剂和有益菌的代谢产物。有益菌活菌制剂1999年我国农业部（第105号公告）公布了允许使用的饲料添加剂菌种12个：干酪乳杆菌、植物乳杆菌、乳酸片球菌、乳链球菌、嗜酸乳杆菌、枯草芽孢杆菌、纳豆芽孢杆菌、啤酒酵母菌、产朊假丝酵母菌、类链球菌、尿链球菌、沼泽红假单胞菌。不在上述范围内的菌种用于微生物制剂生产时需由国家指定部门做严格安全性评估。用以上菌种组成的有益菌群生产的活菌制剂在饲料中添加一定数量，能稳定地发挥作用，不仅能拮抗饲养家畜体内的病原菌，维护肠道菌群的平衡，同时益生菌代谢产生的多种酶类，可促进内源消化酶的活性，分泌维生素、氨基酸和促生长因子等对动物起着营养作用；另外，能促进动物肠道结构和功能成熟，增加动物体的免疫力。

二、微生物制剂的种类

微生物制剂有单菌剂制成的制剂，也有用两种以上的菌种组成的复合菌，近些年开发的益生菌产品多为多种有益菌合理搭配的复合菌群，例如从日本引进的EM制剂是80余种有益微生物制成的复合菌液，河南省科学院生物研制的"益生王"粉剂是由酵母菌、乳酸菌、芽孢杆菌等多种有益微生物复合而制成的复合微生态制剂。

（一）乳酸菌群（厌氧菌）

以嗜酸乳杆菌为主导。它靠摄取光合细菌、酵母菌产生的糖类形成乳酸。乳酸具有很强的杀菌能力，能有效地抑制有害微生物的活动和有机物的急剧腐败分解。乳酸菌能分解在常态下不易分解的木质素和纤维素，并使有机物发酵分解。乳酸菌还能够抑制致病菌增殖。

（二）酵母菌群（好氧菌）

它是利用植物根部产生的分泌物、光合菌合成的氨基酸、糖类及其他有机物质产生发酵力，合成促进根系生长及细胞分裂的活性化合物。酵母菌在益生菌中对促进其他有效微生物增殖所需要的基质提供重要的给养保证。此外，酵母菌产生的单细胞蛋白，是动物不可缺少的养分。

（三）双歧杆菌类（厌氧菌）

生物学家在研究肠道生理菌体外培养时发现，一些物质能显著促进双歧杆菌的生长，所以称双歧因子。这些物质包括：双歧因子Ⅰ（人的初乳）、双歧因子Ⅱ（多肽及次黄嘌呤）、胡萝卜双歧因子和寡糖类双歧因子。寡糖类双歧因子是一些不同类型的低聚糖，机体和有害菌都不能利用，但能促进双歧杆菌和一些乳酸菌生长。

双歧杆菌能产生乳酸、合成维生素等，促进动物的消化能力，在一定程度上抑制病原菌，提高抗感染能力，但稳定性差，在肠道内繁殖速度较乳酸菌慢。

（四）芽孢杆菌（好氧菌）

农业部允许使用的饲料微生物添加剂 12 个菌种中，有枯草芽孢杆菌和纳豆芽孢杆菌。它们都能调节动物肠道菌群平衡，改善肠道微生态环境，有效维持动物机体健康，提高动物对饲料的消化利用率，并能提高动物有机体的免疫力、抗应激能力；减少使用抗生素，是天然、经济的绿色饲料添加剂。枯草芽孢杆菌菌体在代谢过程中产生的枯草杆菌素、多黏菌素、制霉菌素、短杆菌肽等活性物质，对致病菌及肠道内常在病原菌有明显的抑制作用；枯草芽孢杆菌能迅速消耗消化道内环境中的游离氧，形成肠道内的低氧环境，促进有益菌中的厌氧菌（乳酸菌、双歧杆菌）的生长、增殖，并产生乳酸等有机酸类，降低肠道 pH 值，间接抑制肠道内致病菌的生长增殖；枯草芽孢杆菌能刺激动物免疫器官生长发育，激活淋巴细胞，提高免疫球蛋白和抗体水平，增强细胞免疫力和体液免疫功能，提高综合免疫力；枯草芽孢杆菌菌体能自身合成消化性酶类，如蛋白酶、淀粉酶、脂肪酶、纤维素酶等，在消化道中与内源酶类共同发挥作用，提高饲料消化率；枯草芽孢杆菌能合成维生素，提高动物体内干扰素和巨噬细胞的活性。

（五）优杆菌类

优杆菌能分泌乳酸，促进饲料消化率，能抑制病原菌，刺激有益菌生长、增殖。繁殖一代需 50 分钟以上，稳定性较低。

（六）粪链球菌

粪链球菌能分泌多量的乳酸及其他短链脂肪酸和类杀菌素，能刺激非特异性免疫系统产生大肠杆菌干扰素。其中 SF－68 型菌每 19 分钟繁殖一代，具有很强的竞争优势，能抑制有害菌，促进有益菌繁殖生长，帮助消化，稳定性高。

三、微生物制剂防病的作用机制

微生物制剂用途非常广泛，它不仅可以用于养殖业的饲料添加剂，还可以用于农业、环境科学中的垃圾处理、粪便处理、水质净化、除臭等。作为饲料添加剂添加在动物饲料中能够防病、促生长、提高饲料转化率和经济效益，其作用机制有以下几个方面：

（一）优势菌群理论

畜禽体内的正常微生物群，均存在一种或几种优势菌群，优势菌群的丧失就意味着肠道微生物系统失去平衡。在畜禽肠道微生物系统中，厌氧菌占99%以上，兼性厌氧菌和好氧菌共计不到1%，因此肠道中的优势菌群是厌氧菌，如乳酸菌类、双歧杆菌等。很多微生物制剂主要成分是优势菌的种群菌株，其作用在于恢复或补充优势菌群，使失调的微生物菌群达到新的平衡。

刚出生不久的动物肠道内没有形成优势菌群，要形成优势菌群需要一个过程，因此畜禽在仔、幼期肠道非常容易患病，在饲料中添加微生物制剂，使有益菌在肠道内尽快形成优势菌群，维持肠道内微生态平衡，能保证仔、幼期动物健康。动物仔、幼期肠道微生态平衡最容易被应激、药物、寒冷等因素影响，导致微生态失衡，引起疾病发生。所以幼龄动物除了经常在饲料中添加有益菌和双歧因子不断补充优势菌外，还要保证环境稳定。

（二）微生物夺氧理论

多数肠道病原微生物都属于好氧菌和兼性厌氧菌，当动物肠道内微生态系统失调，局部氧分子浓度高时，有利于肠道内病原微生物的生长和繁殖。给动物饲料中添加的微生物制剂往往都是复合菌群，例如"益生王"产品中的枯草芽孢杆菌和酵母菌都是好氧菌，它们补充进动物肠道后，能迅速消耗消化道内环境中的游离氧，形成肠道内的低氧环境，促进肠道中优势菌群（乳酸菌、双歧杆菌等厌氧菌）的生长繁殖，并产生大量乳酸类物质，降低肠道pH值，间接地抑制了肠道病原菌的生长和繁殖，恢复和保持肠道微生态平衡，从而达到预防和治疗消化道疾病的目的。

（三）生物拮抗和屏障理论

人和其他高等动物肠道内都有大量的有益微生物。据资料显示，一个身体状况健康的人，肠道内生存的有益菌能达到1.5千克，草食大家畜牛、马就更多了。动物肠道内正常微生物群能在肠黏膜内壁上定植一层活菌，形成一层生物屏障。凡是生物屏障完整无缺的，就能拮抗病原菌使其不能在肠道黏膜上定植，肠道就不会发生炎症。有益菌新陈代谢的产物如乙酸、丙酸、乳酸、抗生素和其他活性物质等，又组成了一道化学屏障，共同阻止病原菌在肠黏膜上定植，发挥生物的拮抗作用。

维生态制剂中选用的活菌，均为肠道中的常在有益菌，一部分是具有定植性、繁殖性和排他性（病原菌），对病原菌产生拮抗作用；有些菌种能产生药理活性物质，调节微生物区系，减少疾病发生；有些微生物在代谢过程中能提高或降低某些酶的活性，可抑制病原菌的代谢。

（四）合成营养物质理论

肠道中大量的有益菌不仅可以帮助宿主对食物的消化吸收，还可以在肠内合成蛋白质、多种氨基酸、维生素、有机酸和生长刺激因子，参与动物新陈代谢，这些营养物质被宿主动物吸收后有促进生长的作用。

（五）三流运转理论

微生物制剂能起到非特异性免疫制剂的作用，能增强吞噬细胞的活性和 B 细胞产生抗体，提高免疫系统的防御能力；还可以促进有毒物质代谢，促进肠蠕动，维持肠黏膜完整，从而保证了微生态系统的基因流、能量流和物质流的正常运转。

微生态制剂的功能是多方面的，在实际应用中能防止动物疾病。因为制剂中的乳酸杆菌能使简单的糖类转化为大量乳酸，降低消化道的 pH 值，使有害菌难以生长；能提高饲料转化率，促进生长；因为制剂是一个复合微生物群，其代谢产生的大量有益物质能对宿主动物起到保健作用。

四、常用的微生物制剂

"EM"制剂

【主要成分】 "EM"是多种有益微生物的总称，是日本琉球大学的比嘉照夫教授在20世纪80年代初研制的微生物制剂。它是由80多种有益菌复合而制成的液体产品，其中主要菌群为光合菌、乳酸菌、酵母菌和放线菌等。

【作用与用途】 "EM"制剂喂兔及其他草食动物效果特别好，喂猪和家禽效果也很好。其主要功能是多种有益菌在宿主动物肠道内形成生物屏障和化学屏障，对肠道内的病原菌产生拮抗作用，抑制病原菌的生长与繁殖，减少疾病发生；另外，多种益生菌在动物肠道内正常生理代谢，产生大量的有机酸、维生素、氨基酸、免疫因子、抗生素等，丰富了宿主动物营养，提高了宿主动物免疫力，提高其抗病力。

肠益健

【主要成分】 枯草芽孢杆菌、乳酸菌、酵母菌、双歧杆菌、复合酶、低聚木糖等。它是由河南省科学院生物研究所研制，由河南省瑞特利生物工程公司生产的产品。

【主要性状】 本品为灰褐色或淡黄色粉末，不溶于水，可以混饲，不易混饮。

【适用动物】 各品种兔应用效果都很好，牛、羊等草食动物也很好。

【作用与用途】 补充有益菌，抑制大肠杆菌、沙门菌等肠道有害菌的繁殖，改善肠道环境，调整肠道菌群平衡，减少动物腹胀、腹泻；保护肠黏膜、促进肠绒毛发育，增强对饲料营养的吸收能力；刺激肠黏膜上皮细胞产生免疫因子，提高宿主动物免疫力等。

【用法与用量】 混饲，本品 1 000 克拌料 500 千克，可以长期添加，无毒副作用。

【注意事项】 不得与大剂量抗生素长期同时使用，不影响动物防疫与消毒。

乳酶生

【理化性质】 活乳酸杆菌的干制剂，白色或淡黄色粉末，无臭、无味。难溶于水，受热效力降低。

【作用与用途】 内服后在肠内分解糖类生成乳酸，使肠道酸度增高，从而抑制腐败菌生长、繁殖，制止蛋白发酵，减少产气。用于消化不良、腹胀、腹泻等，亦可用于长期使用抗生素所致二次感染的辅助治疗。

【用法与用量】 内服，家兔每天 0.5～1.0 克。

【注意事项】

（1）本品是活菌制剂，不能与磺胺类药物、抗生素配合使用，以免减效。

（2）不能与铋制剂、鞣酸、活性炭、酊剂等合用，以免抑制、吸附或杀灭乳酸杆菌。

（3）超过有效期，制剂效价降低，不宜再用或加倍使用。

五、应用微生物制剂应注意的事项

（一）微生物制剂本身的因素

1. 菌种 可用作微生物制剂的菌种较多，农业部 1999 年第 105 号公告公布，允许使用的饲料级微生物添加剂只有 12 种（前面已讲述），通常用的主要是乳酸菌、粪链球菌、芽孢属杆菌、酵母菌及其培养物。不同菌种制成的微生物添加剂因各自特性不同，作用效果不一。同一微生物制剂，使用对象不同，效果也不相同，因此必须有针对性地选用。菌种应具有较好的耐酸性、耐高温和稳定性，使其在动物肠道内有较强的活力。国内外多以抗异性强的芽孢杆菌作为首选菌种，其次为粪链球菌，然后为乳酸杆菌。稳定性差的为双歧杆菌。

2. 剂量　微生物制剂的组成各种各样，使用对象和条件也各不相同。只有活菌达到一定数量时才有效。如把乳酸杆菌和粪链球菌用于治疗仔、幼兔腹泻，每毫升菌液必须有 0.5 亿~1.0 亿活菌，才能达到最佳效果。

3. 时间　微生物制剂发挥作用三个关键时间：动物出生、断奶及刚进入生长育肥期。仔兔 0~6 日龄连续 4 天滴喂 1 次益生王活菌制剂培养的菌液，可以避免发生仔兔黄尿病。为保证顺利断奶，在断奶前 2 天开始，给其补充的饲料中添加益生王活菌制剂，以后一直到 3 月龄。

4. 细菌在肠黏膜上的附着性　肠道内的常在有益菌群是通过黏附作用在肠黏膜上定植。在肠壁上附着性强的菌种，就能以较大的数量在肠道内定植，通过与有害菌竞争环境和营养物质使自身不断增殖，起到较好的抑菌、防病、促生长效果。双歧杆菌、乳酸杆菌是黏附性较好的活菌。

（二）外部环境因素

微生物制剂中的活菌随保存期的延长，其活菌数量在逐渐减少，减少速度随菌种不同和保存环境不同而有差异。同一种菌种如果放在冰箱里 4~8 ℃保存，3 年仍有活动力，如果保存在 25 ℃左右的室温下，1 年活菌数量能减少 2/3。适宜的温度条件下活菌细胞代谢旺盛，常因自身养分耗尽而死亡。环境中湿度过大，微生物制剂打开包装后封闭不严，易被杂菌污染，不能再使用。紫外线有杀菌作用，微生物制剂不能较长时间放在日光照射的地方。不用时密封避光保存。

（三）饲料因素

微生物制剂主要成分是活菌，加工饲料时可以与维生素、微量元素、酶制剂、低聚糖类、非抑菌性中药材配伍，但不能与抗生素、磺胺类药物、大蒜素等配伍。另外，为家兔加工颗粒饲料，如果使用一般加工方法，颗粒饲料加工出来后及时撒开散热，不会有太大影响，但不能随饲料高温膨化处理，那样会完全失效，包括维生素。

（四）动物胃肠道因素

微生物制剂在动物肠道内发挥作用的效果与肠道内的各种因素有关，即与肠道中的 pH 值、消化酶、微生物之间的竞争、抗生素等有关。兔胃液 pH 值为 1.5～2.3，酸性比较强，微生物制剂在胃液中会被杀灭，但添加在饲料中随采食吃下，饱腹时冲淡胃酸，损害也不会很大。微生物制剂配合酶制剂、有机酸、低聚糖，都有增效作用。但不能与抗菌、抑菌药物同时使用，同时使用时微生物制剂的效果大减。

第六节　饲料防霉防腐剂

一、概述

霉菌广泛存在于自然界中，靠孢子传播，一旦孢子传播到饲料原料中，在适宜的温度、湿度、充足的氧气条件下，长出菌丝传种继代，不仅消耗饲料中的营养物质，甚至产生霉菌毒素，造成兔霉菌毒素中毒。这是能否养好兔的一个重要环节。每年选购草粉，是至关重要的工作之一，一旦草粉轻度发霉，一年兔群都不能平稳生长。

为了便于饲料保存，特别是在高温高湿季节，在饲料中添加一些抑制霉菌生长繁殖，消灭霉菌、防止饲料发霉、防止饲料中有机物质变质的饲料防霉剂是十分必要的。市场上销售的防霉剂有以下几种：

（一）丙酸类

丙酸吸附于载体上，安全、高效，气味大，腐蚀性强，保存期短；丙酸盐，气味较好，含水分高，添加 0.3% ~ 0.5% 效果很好；混合型，增加使用效果，浓度高，效果好，但成本也高。

（二）多酸类

多种有机酸混合制成的产品，效果好，气味小，腐蚀性小，成本也低。如霉敌、克霉等产品。

（三）DMF

中国生产，也为中国独有，分富马酸二甲酯和丙酸钙两种，防腐效果好，成本低，但均有刺激性和过敏反应，有待改进。DMF 含量应在 99% 以上。

（四）SDA 类

含双乙酸钠，有多种功能作用。单一型多用作饲料添加剂，防霉效果差，成本高。复合型类似多酸类防霉剂，具有营养性，但成本高。

（五）富马酸类

单一型多做酸味剂，防霉效果差，成本高。复合型防霉效果好，且有营养性，气味温和，刺激性小，使用经济。

二、常用防霉防腐剂

丙酸及丙酸盐

丙酸有腐蚀性，有强烈的臭味，酸度高。丙酸盐包括丙酸钙、丙酸钠、丙酸钾、丙酸铵等。丙酸钙为白色晶状颗粒或粉末，无臭或稍有异臭味，含量 98% 以上。丙酸钠外观为白色结晶或颗粒状粉末，无臭味或稍有特异丙酸气味，吸湿，含量 99% 以上。

丙酸及丙酸盐均有防腐作用，也有抗真菌作用，毒性低，可抑制真菌、细菌的繁殖。丙酸钙还可以供给动物体内部分钙，丙酸钠可提供一定量的钠，利于动物体内钙、钠、氯的平衡。使用安全，用于配合饲料的防霉、防腐。丙酸钙在饲料中可添加 0.2%～0.3%，丙酸钠在饲料中可添加 0.3%～0.7%，添加量可因饲料含水量高低上下浮动。

霉克新星

本产品属丙酸类防霉防腐剂，其产品是以丙酸为主的复合有机酸和天然植物精油，经特殊载体吸附而成的带有刺鼻酸味粉剂。流动性好，易与饲料均匀混合。在饲料中以气态形式缓慢释放适量单体丙酸及复合有机酸和天然植物精油的有效成分，均匀扩散渗透各死角，发挥作用快，抗菌谱广，抑菌效果好、时效长。

【理化性质】　具有流动性的白色粉末。粉剂中有机酸含量为丙酸48%，纯度≥99.5%，其中乙酸只占1%，苯甲酸为1%。另有少量山梨酸、富马酸、柠檬酸、食盐和香料，载体为铝硅酸盐。

【用法与用量】　本品适用于各种全价配合饲料、浓缩饲料和预混剂，可确保饲料60～90天储存期不发霉。

建议饲料含水量低于12.5%时，每吨饲料添加300～500克；含水在12.5%左右时，每吨饲料添加量为500～1 000克；含水量为12.5%～14.0%时，每吨饲料添加1 000～1 500克。

【注意事项】

（1）本产品有刺激性，避免与皮肤接触。

（2）储存于干燥、通风、阴凉处，防止包装袋破损。

（3）包装袋开启后，剩余部分应扎进袋口，妥善保存。

苯甲酸和苯甲酸钠

【别名】 安息香酸。

【理化性质】 本品为白色叶状或针状结晶体。无臭味或带安息香气味,是一种稳定的化合物。因溶解度低使用不便。

苯甲酸钠为白色颗粒或无定型结晶性粉末。无臭或略带安息香气味,味微甜,有收敛性。易溶于水,在空气中稳定,杀菌性比苯甲酸弱,含量99%以上。

【用法与用量】 上述两种产品都是酸性防腐剂,在pH值低的环境中,对多数微生物有抑制作用,对产酸菌作用较弱。pH值在5.5以上时,苯甲酸钠对多数霉菌的作用减弱。适用于在各种饲料中添加。每吨饲料中添加量不得超过200克。

富马酸及酯类

【别名】 延胡索酸。

【理化性质】 为白色晶粉。具有水果香味,在空气中稳定,无亲水性和腐蚀性。饲料中常用有润湿剂的混合物。

富马酸二甲酯为白色结晶或粉末,不溶于水。可用异丙醇、乙酸溶解后,加入少量水或乳化剂,待溶解后用水稀释,加热去除溶剂。喷洒于饲料表面或混合于饲料中,也可以用载体预混后加入饲料中。

【用法与用量】 本品是酸性防腐剂,有改善气味,提高饲料利用率,广谱抗菌等作用。比丙酸和山梨酸的防腐效果好。每吨饲料中添加本品500~800克。

山梨酸及山梨酸盐类

【理化性质】 本品为无色或白色针状结晶或结晶性粉末。无臭、无腐蚀性。吸水性强,对光、热稳定,在空气中长期存放易氧化变色,易溶于有机溶剂,含量98.6%。

山梨酸盐包括山梨酸钾、山梨酸钠、山梨酸钙，均有商品出售。

山梨酸钾为无色或白色鳞片状结晶或结晶性粉末。无臭、易氧化变色，有吸湿性。

【用法与用量】　山梨酸及山梨酸盐可抑制霉菌、酵母菌和多种细菌。在饲料中添加无副作用，不会改变饲料气味。在饲料中添加山梨酸钾 $0.05\% \sim 0.3\%$，山梨酸为 $0.05\% \sim 0.15\%$。

【注意事项】　可以与酶制剂、低聚糖类等生物制剂配伍，有加强作用；与益生菌配伍使用，降低益生菌的作用，尽量不同时使用。

甲酸及甲酸钠（钙）

【理化性质】　为无色液体，溶于水，有腐蚀性，pH 值为 4 时，有很强的抑制梭状芽孢杆菌、革兰氏阴性菌生长作用。

甲酸钠为白色结晶性粉末，溶于水，有轻微的吸湿性。

【用法与用量】　甲酸钙为自由流动的白色粉末，有防霉、防腐、抗菌作用，为有机酸盐饲料添加剂，含量 99%。其中甲酸 69%、钙 31%，含水量低。本品熔点高，在颗粒饲料中不易被破坏。饲料中添加量 $0.9\% \sim 1.5\%$。本品在胃内分离出甲酸，降低胃液 pH 值，维持消化道酸度，防止病菌生长繁殖。从而控制和防止与细菌感染有关的腹泻发生。微量甲酸能激活胃蛋白酶原，提高蛋白质的消化率；能与饲料中的矿物质产生螯合作用，促进矿物质的消化吸收；也可以作为钙的补充物。仔、幼兔期饲料中添加可以预防腹泻、腹胀发生，提高成活率；促进饲料转化，提高日增重。

【注意事项】　饲料中添加本品时，不宜添加益生菌。

对羟基苯甲酸酯类

本类产品包括对羟基苯甲酸、对羟基苯甲酸丙酯、对羟基苯甲酸丁酯。

对细菌、霉菌、酵母菌都有广泛的抗菌作用，特别是对霉菌、酵母菌作用强。本品的抗菌作用比苯甲酸、山梨酸都强，在pH值4~8的范围内效果较好。本品在淀粉量大的环境中，影响使用效果。

在饲料中添加本品时，不能再添加益生菌。

双乙酸钠

【别名】 简称SDT。

【理化性质】 本品为白色结晶性粉末，略带醋酸气味，含游离乙酸39%。有较强的酸性，吸湿性强，易溶于水与乙醇，毒性小，无残留，适口性好，安全性高。

【作用与用途】 双乙酸钠是乙酸钠和乙酸的分子复合物，化学性质稳定。双乙酸钠会缓慢地释放出小分子有机酸——乙酸，乙酸是经典的消毒防腐剂，能抑制霉菌的生长和繁殖。

双乙酸钠在饲料中防霉保鲜，对人畜安全，无副作用，可称为绿色食品饲料添加剂。可替代价值较高的山梨酸钾和苯甲酸等。

双乙酸钠是新型、多功能饲料添加剂，可做防霉剂、防腐剂、酸味剂和改良剂。能维持肠道菌群平衡，防止腹泻，并增强抗病能力，降低死亡率；能改善饲料适口性，提高饲料利用率，有利于畜禽生产性能的发挥。

【用法与用量】 生长兔饲料添加量在0.1%~0.2%，育成兔、种兔饲料中添加量为0.2%。先预混，再逐级扩大拌匀。饲料储存期能达3个月。

【注意事项】 本品可与活菌制剂配伍使用。

柠檬酸和柠檬酸钠

【别名】　枸橼酸和枸橼酸钠。

【理化性质】　本品为透明结晶性粉末。味极酸，无臭。在潮湿空气中潮解，干燥空气中能失去分子中的结晶水。

【作用与用途】　饲料添加本品有防霉、防腐作用，且有调节 pH 值或为抗氧化剂的增效剂作用。

【用法与用量】　生长兔饲料中添加 1% 的柠檬酸，可提高兔的采食量，降低消化道的 pH 值，激活消化酶，提高饲料转化率，提高日增重。

柠檬酸为无色或白色结晶性粉末，在饲料中添加做防腐剂和调味剂。

三、防霉防腐剂应用时需注意的事项

（一）严格控制原料和饲料的水分

饲料原料富有营养，是霉菌生长的物质基础，严格控制储存条件，降低储存环境温度、水分和库房内的氧浓度，就不容易发生霉变。

（二）选择优质防霉剂

防霉剂的种类很多，应选择抗菌范围广，无副作用，在动物体内无残留或不向畜产品中转移，不影响饲料的适口性的品种。

（三）防霉剂与添加剂的配伍要科学

有的防霉剂不仅有抑制和杀灭霉菌的作用，还有杀灭和抑制细菌的作用，这样的防霉剂不能与饲用益生菌配伍；而防霉剂中的双乙酸钠，不仅能起到防霉作用，而且能降低肠道 pH 值，平衡菌群，防腹泻，就可以与益生菌配伍使用。

（四）克服防霉剂的使用误区

防霉剂是用于防止加工好的饲料再长霉菌，可以多存放一些时间。有些养兔生产者采购草粉时，明知有发霉现象，因为种种原因仍采购回来，认为多加一些防霉剂就可以了。但是防霉剂只能防止以后不长霉，不能清除原有的霉菌毒素，使用了这些草粉以后兔会出现霉菌毒素慢性中毒，体质衰弱，容易生病，兔群中经常死兔，造成不必要的损失。

（五）尽量不用带吸附性的防霉剂

有的防霉剂中同时加有吸附剂，目的是吸附已发霉的饲料原料中的霉菌毒素。而吸附剂是没有选择性的，能吸附霉菌毒素，同时也能吸附维生素、微量元素、酶、寡糖、益生菌等影响添加剂的效果。

（六）防霉剂储存注意事项

防霉剂应储存在低温、干燥的地方，包装要严。与饲料原料混合加工后，无包装的只能放 1 周，有包装的也不能存放 3 个月以上。

第七节　饲用抗生素添加剂

一、概述

1949 年美国首次发现抗生素和杀菌剂对畜禽具有促生长作用。此后，许多国家将其广泛用于畜牧业，实践证明，在畜禽饲料中添加适量的抗生素类药物，的确能产生明显的经济效益。抗生素类饲料添加剂属非营养性药物添加剂，目前用作饲料添加剂的抗生素有 60 余种，各国对使用的品种都有严格的规定。

以抗生素做饲料添加剂时，必须注意以下的问题。

（一）正确选择药物的品种

按照预防疾病的要求，应正确选用适合的抗生素做饲料添加剂，即选择对某种病原微生物高度敏感、抗菌作用强、不良反应少的抗生素。

（二）掌握合适用量

用量要适中，符合有关规定。既不能超量，也不能用量过低。用量大会抑杀肠道内有益菌，造成肠道菌群失去平衡，发生肠道疾病；用量过小，则起不到防病的效果。

（三）应严格控制阶段使用抗生素添加剂

家兔是食草动物，肠道内消化纤维素是靠大量的益生菌分解，肠道中必须存在大量的益生菌，长期使用抗生素添加剂影响肠道内优势菌群的稳定性。所以，当幼兔期生长发育快、消化能力弱、肠道黏膜外表面层益生菌保护层尚未形成以前（2.5月龄）可以使用，3月龄以后的青年兔和种兔就不能再使用了。开始采食就在其饲料中添加抗生素添加剂，直到3月龄效果较好。成年兔饲料中常年添加抗生素添加剂，易破坏肠道内菌群平衡，效果不好。

（四）合理配伍

抗生素添加剂之间存在四种作用，即累加作用、协同作用、拮抗作用和无相关作用。抗生素杀菌作用有三种类型：一类为在病菌繁殖期杀菌，如青霉素、杆菌肽锌等；二类为在病菌静止期杀菌，如氨基糖苷类、多黏菌素类等；第三类为快效抑菌类，如四环素、氯霉素、红霉素等类。一类药与二类药合用，可获得协同作用；二类药与三类药合用，可获得协同作用和累加作用。

（五）用量应合理

抗生素作为生长促进添加剂添加于饲料中，添加量应合理，绝非添加量大了就比添加量小了好，一定要严格掌握用量。一般每吨饲料中添加5～50克，即每千克饲料中含5～50毫克。

（六）最好使用专用抗生素

维吉尼霉素、杆菌肽锌、莫能霉素等，可以增加动物的生产性能，并提高饲料的转化率，但抗菌药用价值小，可以用这些抗生素作为饲料添加剂，少用或者不用其他有毒副作用的抗生素。

现在已开发了有益菌、低聚糖、酶制剂等绿色添加剂，使用安全、可以用绿色安全的添加剂代替抗生素添加剂。

二、能做兔饲料添加剂的抗生素

黄霉素

【别名】 黄磷脂素。

【理化性质】 无色非结晶性粉末。无臭，易溶于水。

【作用与用途】 本品主要对革兰氏阳性菌有强大的抗菌作用，对部分的革兰氏阴性菌有较弱的抗菌作用。内服几乎不被吸收。毒性极低，可作为饲料添加剂，促进幼兔及其他幼畜、禽的生长，提高生产性能和饲料转化率。也可以与氨丙啉、莫能霉素、盐霉素配伍制成预混剂，作为抑菌、防病、促生长剂以提高饲料转化率。

【用法与用量】 黄霉素预混剂，混饲时，每千克饲料 10 毫克。

新霉素：本品已在第四章第二节第五部分"氨基糖苷类"抗生素中做过介绍。

泰乐菌素：本品已在第四章第二节第八部分"大环内酯类"抗生素中做过介绍。

杆菌肽：本品已在第四章第二节第九部分"多肽类"抗生素中做过介绍。

多黏菌素 E：本品已在第四章第二节第九部分"多肽类"抗生素中做过介绍。

恩拉霉素：本品已在第四章第二节第九部分"多肽类"抗生素中做过介绍。

维吉尼霉素

【别名】 维吉尼亚霉素、维吉霉素、威里霉素、抗金葡霉素、肥大霉素。

【理化性质】 本品为浅褐色粉末，略带异味，微溶于水。

【作用与用途】 对革兰氏阳性菌有抑制作用，其机制是抑制细菌的核糖体，阻止其对蛋白质的合成，具有杀菌和抑菌的作用。本品通过抑菌和杀菌作用，减少有害菌和多余肠内细菌，可以减少肠道内氨气、乳酸、挥发性脂肪酸等有害物质，并能减缓肠道蠕动，延长饲料在肠道内停留时间，增加养分的吸收量，促进动物生长，提高动物对饲料的利用率。

【用法与用量】 作为一般促生长剂使用时，100 千克饲料中添加量为 1～2 克。3 月龄以上的家兔，饲料中不再添加。维吉尼霉素预混剂称速大肥，对猪的育肥效果最好，对生长期的兔有促生长作用。预混剂含量各有不同，即每千克预混剂含维吉尼霉素 1 克、20 克、500 克不等。

北里霉素

【理化性质】 为白色或淡黄色粉末，无臭，味苦。难溶于水，易溶于乙醇、甲醇、丙酮、乙醚和氯仿，其添加剂、预混剂为淡黄色粉末。

【作用与用途】 对革兰氏阳性菌和部分革兰氏阴性菌、螺旋体等有杀灭或抑制作用。本品投药后迅速被吸收，广泛分布于身体各器官中，尤其在血液和肺组织中持续保持高浓度，对兔肺炎、肠炎均有较好的疗效，另外还能促进生长期幼兔的生长。提高饲料转化率。

【用法与用量】 促生长用，100 千克饲料添加纯药粉 0.6～5.5 克；防治疾病，100 千克饲料 8～20 克，连续用药 5～7 天。

盐霉素

【理化性质】 本品为一种新型聚醚类抗生素，为淡黄色结晶性粉末，有轻微的特异性臭味，其产品为优素精；含盐霉素钠分别为 20 克、500 克，使用时应注意其含量。

【作用与用途】 幼兔饲料中添加量为每千克饲料 50～80 毫克，有促进生长作用；另外，盐霉素还有抗球虫作用。反刍动物连续用时，能使瘤胃内的挥发性脂肪酸组成比例发生变化，因而节省饲料。

【用法与用量】 在饲料中添加，每 1 000 千克饲料添加 50～80 克，即每千克饲料 50～80 毫克。

【注意事项】 包装严密存放在阴凉避光处，干燥保存。

三、饲用抗生素添加剂与其他类型添加剂配伍的效果

（一）抗生素添加剂与益生素添加剂配伍

抗生素添加剂是杀菌和抑菌的产品；益生素添加剂是为肠道补充有益菌的产品，笔者认为这两种添加剂不能同时使用，如果同时使用，两种添加剂的效果都会降低。但是两种添加剂可以交替使用，即先用抗生素处理肠道，杀灭肠道有害菌，再用益生素补充肠道内有益菌的数量。其原理是：如果肠道内有较高浓度的病原菌，或者肠道内的有益菌不能有效地抑制病原菌，益生菌或许就不能发挥很好的功效，需要先用抗生素来消灭肠道内原有的病菌后，再用益生菌来补充有益菌的数量，使其形成肠道内的优势菌群，这种抗生素和益生菌交替使用的配伍方式有其科学性。

（二）抗生素与寡糖配伍的效果

寡糖是糖类分类上的一组物质，尤为 10 个单糖通过糖苷键连接形成的小聚合体，介于单糖与高度聚合的多糖之间。在动物体内寡糖只能被肠道内有益菌所利用，而不能被有害菌利用，并且寡糖分子如果黏附在病原菌细胞膜上，病菌不能再往动物肠黏膜上附植，只能处于游离状态并随粪便排出体外，起到清理肠道的作用。抗生素添加剂与寡糖配伍，效果有加强作用。

（三）抗生素添加剂与酶制剂配伍的效果

酶类能将大分子物质分解为小分子物质，利于动物消化吸收。例如，家兔饲料中添加饲用复合酶（河南省瑞特利生物技术有限公司出品），其中的纤维素酶能把饲料中的纤维素分解为糖类物质；糖化酶能将淀粉分解为二糖和单糖；酸性蛋白酶能将蛋白质分解为胨和肽。饲料中添加多种酶制剂，目的是提高营养物质的消化率和利用率。特别幼兔饲料中添加饲用抗生素，能对肠道内的球虫、病原菌有抑制或杀灭作用；添加饲用复合酶，有助于消化，提高消化率和饲料转化率，两者配伍使用也有加强作用。

（四）抗生素与中药添加剂配伍使用的效果

有专家测定了中药贯众、白术、黄芪、山萸肉、陈皮、党参、枳实、神曲、竹茹、栀子、败酱草、麦芽、郁金、淫羊藿、甘草与乳酸杆菌的相互作用，结果表明，以上 15 种中草药都能在不同程度上促进乳酸杆菌的增殖。乳酸杆菌是家兔肠道内的常在有益菌，可以形成肠道中的优势菌群。给家兔使用抗生素时，同时在饲料中添加以下 15 种中药中的一两种中药，就能对肠道内的乳酸杆菌进行保护，保护肠道优势菌群不被抗生素所破坏，仍能维持肠道内的菌群平衡。

第八节　我国饲料添加剂发展现状、问题与解决的办法

我国的饲料添加剂工业是 20 世纪 80 年代初起步的，到目前为止年产量在 25 万吨以上，年产值达 50 亿元。生产的添加剂既有营养型的，包括维生素、微量元素和氨基酸类产品；也有防病促生长的产品，如抗生素、益生菌、寡糖类、酶制剂等；还有防饲料略化类，如抗氧化剂、防霉剂等；饲料调味类等。大约有

100 种产品，已批准使用的就有 80 余种，其中国内生产的并已制定标准的有 40 多个，其余的是批准进口的国外产品。我国每年生产的饲料添加剂无论是品种上还是数量上与畜牧业生产发达国家相比，差距都是很大的。

一、我国饲料添加剂的生产现状

（一）维生素类

维生素是动物维持正常生命活动不可缺少的低分子有机化合物，用量很少，但由于它的特殊生理功能，饲用效果显著，在动物的生长发育、维持健康和繁殖中起着重要作用，因而是不可缺少的。国外列入饲料添加剂的维生素有 16 种以上，全球每年用于饲料的维生素有 12 万吨，数量最大的是氯化胆碱，占 74%，它也是我国近几年发展较快的产品。

我国在发展饲用维生素中已取得了很大的进展，目前可以生产的维生素有 18 个品种，年产量 0.5 万吨。由于国产饲用维生素价格偏高，直接影响在饲料中添加的推广应用，每年还要从国外进口加以补充。

家兔是食草动物，原始的饲养方法就是喂青草和补充些精料。而现代规模化养殖以后要使用全价配合饲料，必须补充维生素，来解决不喂青草所引起的维生素不足，所以维生素已成为养兔生产加工全价配合饲料中必不可少的一部分。

维生素添加剂有维生素 A、维生素 D_2、维生素 D_3、维生素 E、维生素 K_3、维生素 B_1、维生素 B_2、维生素 B_6、维生素 B_{12}、烟酸、泛酸、胆碱、维生素 H、叶酸、即复配的产品名。以上这些产品使用时仍有不方便之处，所以以后又推出了多维宁、十二维、可溶性全维。所以发展到现在，除了单一维生素添加剂和少量几种有特殊功能的维生素添加剂以外，用以全价配合饲料中添加的全是全维生素。每个生产厂家的商品名各不相同。例如，21

金维他、21 高能维他等，有的注明是鸡用的、有的注明是草食动物用的、有的注明是猪专用的、有的注明是鱼专用的，其实是可以通用的。

（二）矿物质饲料添加剂

矿物质饲料添加剂是用量最大、使用最普遍的一类饲料添加剂，用量占饲料添加剂总量的 60% 以上，其中以磷酸氢钙为主的磷酸盐消耗量最大，主要是给动物补磷、补钙，这类矿物质添加剂称常量元素添加剂。还包括氯化钠、碳酸氢钠、硫酸钠、氯化钾、碳酸钙、多种磷酸盐、贝壳粉等。

另外，还有一类矿物质，动物体需要量极少，但是还不能缺乏，体内缺乏了这些元素，就会出现生理代谢失调。这类物质称微量元素，它包括铜、锌、锰、碘、钴、钼、镍、锂、硒等。以它们的化合物作为饲料添加剂，如硫酸锌、氯化钴、硫酸钴、硫酸铜、碘化铜、硫酸铁、硫酸亚铁、氧化锰、硫酸锰、醋酸锰、沸石、麦饭石、膨润土等。

常量矿物质往往以石粉的名称出售，以碳酸钙粉、磷酸钙粉、磷酸氢钙粉、贝壳粉、蛋壳粉、骨粉等的形式添加；微量元素往往配成复方的，一种产品含有所有所补充的微量元素。例如畜禽用微量元素、含硒微量元素添加剂、禽用生长素和畜用生长素等，都是这样一类产品。

（三）氨基酸类饲料添加剂

我国饲用氨基酸主要是蛋氨酸、赖氨酸，市场缺口比较大。

（1）全球蛋氨酸年产量 40 万吨以上，60% 用作饲料添加剂。日本的蛋氨酸 90%～95% 都用在饲养业上。蛋氨酸是含硫氨基酸，系动物体内必需的氨基酸。主要参与动物体内蛋白质的合成，可以转变为胱氨酸和半胱氨酸。肉用动物增重、毛皮动物提高毛被品质，都必须有蛋氨酸参与。优质獭兔、优质长毛兔饲料都必须添加蛋氨酸。所以蛋氨酸作为饲料添加剂的用量还在继续增大。

（2）全球赖氨酸年产量 20 多万吨，其中日本年生产量占世界年产量的 2/3。生产的赖氨酸 80% ~ 90% 用于饲料添加剂，大部分出口，几乎控制了整个世界市场。赖氨酸的生产增长比蛋氨酸快。

赖氨酸是饲养动物的必需氨基酸，可以增强动物的食欲，促进生长，加快骨骼钙化，提高抗病力。日粮中缺乏时被毛粗乱、氮代谢紊乱，生产力明显降低。谷物性饲料赖氨酸含量不足，在饲料中添加 0.05% ~ 0.3% 可以明显提高饲料的利用率。

（3）色氨酸的年产量仅次于蛋氨酸和赖氨酸，为第三大氨基酸。色氨酸是饲养动物易缺乏的氨基酸。随着家畜、家禽的科学饲养，潜在的需要量很大。目前业内人士看到这一产销矛盾，研制工作很活跃，将来有望大幅提高产量，普及应用。

（4）L - 苏氨酸作为限制性氨基酸目前正在研究，在北欧国家已经作为饲料添加剂。

（四）抗生素类添加剂

抗生素类添加剂由于其抑菌促生长作用，作为饲料添加剂在畜禽养殖业上的应用已达半个世纪之久，时间长、范围广、创效显著，但争论也很多。用作添加剂的抗生素类主要是大环内酯类、氨基糖苷类、聚醚类、多肽类和四环素类。

抗生素类饲料添加剂的作用机制有两个方面：一是这类物质具有抗病原微生物的性能；二是促进畜禽生长，提高生产的性能。在畜禽饲料中添加抗生素类饲料添加剂，这些物质进入肠道后起抗菌作用，继而起到促生长作用。抗生素在畜禽肠道内，以抑菌和杀菌两种形式表现其活性。抑菌作用系指抗生素与细菌接触后，使病菌等有害微生物生长、繁殖受到阻止被迫停止，甚至死亡。杀菌作用是指抗生素类添加剂对细菌的直接杀灭。

抗生素类饲料添加剂抑菌和杀菌机制包括生理、生化作用。

在畜禽的幼龄阶段，在其处于生长旺盛期，添加抗生素类饲料添加剂，对发挥生长效果很明显。原因是添加的抗生素在畜禽肠道内发挥了抑菌和杀菌作用，有效地阻止了肠道中有害微生物的增殖，使畜禽得以正常地进行生理、生化平衡，从而减少了发病概率，达到正常生长发育的目的。

另据研究证明，饲料中加入饲用抗生素后，能使畜禽肠黏膜保护层明显变薄，通透性增加，从而有利于对营养物质的吸收；当微量的抗生素进入动物体体液循环后，能刺激脑下垂体，增加促生长激素的分泌量，能有效地提高生长速度；由于动物体内的细菌被抑制和杀死，总量减少，也减少了细菌消耗营养物质的量，节省下来的营养物质增加了幼畜禽的吸收量，因而有促生长作用。

但是，饲用抗生素添加剂必须科学使用，应注意以下几个问题：①搞复合制剂时不得同时选用属于同一大类的两种抗生素。②严格控制添加量，保证使用效果，防止毒副作用发生。添加量过少不起作用，添加量过多易杀死肠内常在益生菌，引起肠内菌群失衡，消化紊乱。③一般在快速生长阶段使用，成年兔不能常年使用，不能无限期滥用抗生素类添加剂；否则不仅降低使用效果，而且还能促使产生抗药性病菌菌株，发生抗生素蓄积和残留，危害人畜健康。以家兔为例，3月龄以前快速生长阶段可以使用抗生素类饲料添加剂，3月龄后逐渐更换成生物制剂添加剂。④选用抗生素种类时，必须选择抗病原活性强、化学性质稳定、毒性小、安全范围大、无三致（致突变、致畸变、致癌变）作用的抗生素。⑤一种抗生素不能长期使用，必须多种抗生素添加剂交替使用，以防肠道病原菌产生抗药性。

抗生素类饲料添加剂过去多做成单味药的预混剂，例如盐酸土霉素预混剂、多黏菌素预混剂等。但是，由于很多病例为混合感染，单味药防治不是很理想，又逐步发展到两种以上抗生素配合制成预混剂型的添加剂，如多抗能、多维抗、畜禽乐、畜禽康等，多种品牌的复合抗生素添加剂。

（五）微生物饲料添加剂

在使用抗生素饲料添加剂的过程中，全球相关专业人员都关心的有两个问题：抗生素的药物残留和细菌抗药性，它们有可能污染肉产品，从而影响人类健康。于是20世纪60年代初期就已经研究开发出一种微生物饲料添加剂。微生物饲料添加剂是一种通过改善畜禽肠道菌群平衡而对其施加有益影响的活菌制剂，是基于对肠道微生物学的深入研究，利用现代生物技术研究出的继抗生素之后的新一代产品。

目前，日本、美国，欧洲及东南亚一些国家都在使用，我国在这方面的一些研究也有很大进步。原国家科委"八五"期间下达了科技攻关课题"饲用微生物饲料添加剂及其应用的研究"，最近这些年在国内多个省份的养殖业都广泛推广使用，取得了很好的效果。

人类进入21世纪，伴随生物科学和生物技术的迅猛发展，消费结构和消费理念的变化使得养殖业以高效、安全、健康和环保为发展方向。而饲养业发展始终面临营养、保健、预防三大问题，三者相互影响、相互交错、相互因果。现代畜牧业的发展，全价配合饲料不仅只提供全面的营养物质以满足畜禽对各种营养物质的需要，而且要充分考虑饲料营养对畜禽的重要保健作用，以保证畜禽充分吸收和利用营养物质，提高饲料转化率和生产性能。

通过在饲料中添加以达到保健作用的物质有许多种，如抗生素、维生素、氨基酸、有机酸、有机微量元素、中链脂肪酸、酶制剂、活性小分子肽等。这些物质都具有显著的保健和提高生产性能的作用。直接或间接地补充这些营养物质，就能增强畜禽机体的健康，并提高对饲料的转化率。这就是我们常常看到的现象：对家禽、家畜群体使用酸化剂，或复合维生素，或抗生素，或酶制剂等，都能获得较好的保健效果和生产性能。问题是我们并不知道应该在什么时间，动物的什么阶段补充什么物质才能获得理想的效果。研究发现，有益菌在动物肠道内的代谢过程中能帮助我们非常理想地解决上述问题。因为无论抗生素或维生素、氨基酸、酶制剂、小分子肽、有机酸哪一种等都是有益微生物在新陈代谢过程中所产生的。在饲养动物饲料中添加一定数量的益生菌，除了很好地预防疾病以外，还能满足其对一些特殊营养物质的需要。

有益菌制剂不是单一菌种，而是多菌种复合而成的，其中多包括芽孢杆菌、乳酸菌、酵母菌、双歧杆菌等。芽孢杆菌类由于抗异性较强耐酸碱、抗高温等，在饲料添加一定数量后，能够稳定地发挥作用。关于其作用机制已经研究得比较清楚了，包括拮抗肠道内的病原菌，维护和调节肠道微生物平衡；产生多种酶类，促进动物消化道内源消化酶的活性；分泌维生素、促生长因子、免疫因子，产生氨基酸等，起到营养作用；促进动物肠道结构和功能更加完善；增加动物机体的免疫力等。

微生物饲料添加剂与抗生素饲料添加剂抗菌效果相似，均有抑制和杀灭肠道有害菌的作用，但作用机制是相反的。使用抗生素杀灭肠道有害菌时，在杀死有害菌的同时，也损害了肠道有益菌群，长期或大量使用，会破坏肠道菌群平衡，出现肠道疾病。而使用微生物饲料添加剂，主要是增加肠道内益生菌数量，靠益生菌与病原菌争夺肠道内环境，抑制有害菌生长、繁殖，直至将其杀灭。它的作用没有抗生素快，但是使用安全；益生菌不会产生抗菌性，无残留、无毒性，不会出现二次感染。下面举一实例说明微生物饲料添加剂的抑菌、防病、促生长的机制。

【产品商品名】　益生王。

【研发单位】　河南省科学院生物研究所。

【生产单位】　河南省瑞特利生物技术有限公司。

【产品成分分析保证值】　每千克益生王产品益生菌含量：枯草芽孢杆菌2 500亿，嗜酸乳杆菌2 000亿，酵母菌1 000亿；益生菌总数6 000亿。

适用动物：牛、羊、兔、猪、鸡、鸭、经济动物、特禽、水产品等。

【饲料中添加量】　牛、羊、兔、水产全价料中添加量为3‰～5‰，鸡、鸭、鹅、特禽全价配合饲料添加量为2‰。

【作用机制】　产品中的枯草芽孢杆菌、酵母菌为好氧菌，被家畜、家禽食入肠道后，它们代谢要消耗肠道内游离的氧，使肠道内游离氧浓度降低。而肠道内革兰氏阴性菌的病原菌，如大肠杆菌、魏氏梭菌、沙门杆菌等，都是好氧菌，在肠道内游离氧含量低的情况下，生长、繁殖受到抑制或因缺氧而死亡；而肠道内的常在有益菌，为肠道补充的嗜酸乳杆菌等，都是厌氧菌。在肠道无氧或低氧的情况下生长繁殖良好。有利于其附植，形成生物膜屏障，保护肠黏膜的完整性，能平衡肠道的微生物区系。

另外，肠道内益生菌代谢产生的有机酸、细菌素，又为肠道内壁形成一道化学屏障，可以抑制有害菌的繁殖，保持肠道内有益菌群处于优势状态，维持了肠道内菌群平衡。

益生菌在肠道内代谢产生了维生素、氨基酸、多种酶（蛋白酶、脂肪酶、淀粉酶、纤维素酶），又为动物提供了特殊营养补充和促进动物消化吸收的酶类，促进饲料充分消化吸收。因此，在饲料中添加益生菌有预防消化道感染、增强动物免疫力、减少腹泻疾病、促进生长、提高饲料转化率的作用。

二、预混剂的诞生和应用

饲料添加剂的种类很多，如抗生素类、氨基酸类、维生素类、微量元素类、益生菌类、酶制剂类、有机酸类、抗氧化类、防霉防腐类、低聚糖等，加上每一类添加剂中有一种物质使用的，有多种物质配合使用的，种类就更多了。通过资料了解，美国的添加剂有250个品种、日本有120个品种、欧共体有260～270个品种，我国批准使用的有100个左右。这给非专业人员使用添加剂造成一定的困难。不懂营养性添加剂与非营养性添加剂如何配伍，即使找专业人员购来多种饲料添加剂配伍方，也因每次加工饲料时逐个称量而十分麻烦，不愿意长期使用。所以产生了"预混剂"这一类产品。

"预混剂"比"添加剂"涵盖的物质类别多，使用者更方便。例如，有的是将维生素、微量元素、氨基酸、矿物质等类添加剂进行复配，加工饲料时将主料配好，再加1袋预混剂，基本上能够补充缺乏的特殊营养素，方便了基层养殖场、户，为农民充分利用自己的农副产品，加工比全价的配合饲料提供方便。

家兔是草食动物，消化纤维素的器官在盲肠，盲肠中存在大量的益生菌，每克内容物中有5亿～10亿个。有益菌以纤维素为底物在不断地分解、消化纤维素的过程中分泌有机酸降低肠道pH值；分泌抗生素样物质抑制病原菌生长、繁殖，维持益生菌群的强势状态，保持消化道的微生态平衡，使家兔肠道处于健康状态。成年兔饲料中如果长年以抗生素做添加剂，长期抑制益生菌生长、繁殖，使肠道内益生菌总数减少，不仅消化能力减弱，而且造成病原菌产生抗药性，繁殖加快，就会发生家兔肠道菌群失去平衡，发生肠道疾病，兔群的健康难以维持，给养兔业生产带来很大难度。目前有一些仅仅养过几年兔的人也懂得一些家兔的饲养和管理知识，就到农村冒充专家，用抗生素或大蒜素等配一些预混剂让养兔生产者使用，短期内还不会出现大的问题，但使用时间长了肠道菌群失衡后，后患无穷。

刚断奶的幼兔与成年兔的消化特点有些不同，它们有以下几个方面的不完善：肠壁很薄、肠黏膜发育不完善，肠黏膜上皮细胞发育不完全，肠黏膜内表层的益生菌保护层也没有形成。所以，这期间存在以下几个方面的薄弱环节：①免疫力由被动免疫向主动免疫转变的过程，免疫力很弱，抗病能力低。②分泌消化液和分泌消化酶的能力低，分泌量小，消化力弱；肠黏膜上皮细胞层不完善、肠内壁益生菌保护层没有形成，对内源的和外源的病原体防御能力低下。但这一阶段正处于快速生长期，需要大量的营养物质，贪吃，容易引起消化不良，进而发展成为肠道疾病。

生产试验证明，幼兔自断奶至 2.5 月龄这 40 天左右的时间内是养兔生产的死亡高峰期，死亡的幼兔中，80% 死于消化道疾病，所以养兔生产控制住断奶后的幼兔消化道疾病，幼兔死亡高峰期可以消除，幼兔期成活率可以达到 95% 以上，就能掌握住养兔的主动权。

很多养兔生产者也了解了养兔的难点，但是对社会上销售的兔用预混料认识不清。目前销售的预混剂品名很多，价格和效果各异。一部分预混剂含有维生素、微量元素、矿物质、氨基酸等物质。价格中等，能够补充全价配合饲料中所缺乏的特殊营养物质，但是没有预防小兔肠道疾病的功能，幼兔期使用这种预混料加工全价配合饲料，幼兔成活率只能达到 50% ~60%；还有一种预混剂，是在上述预混剂的基础上，加一些抗生素，不管大兔、小兔都使用这一预混剂。幼兔期使用还看不到大的问题，因为饲养 3~4 个月都出售了。但是后备种兔和种兔常年使用，时间一长就出现肠道菌群平衡状态被破坏，陆续发生肠道疾病，严重时种兔会大批死亡，病情难以控制。

根据社会上出现的养兔不科学的现象以及其给养兔业带来的损失，以笔者为团长的中国兔业协会专家服务团河南分团，根据幼兔和成年兔消化生理的差异性，拟定了两段用料（预混剂）法，形成了一个安全、高效养兔技术方案，河南省有 280 余家养兔场、户使用，均取得很好的效果。

第一种预混剂：示范户专用2%小兔复合预混剂

由中国兔业协会专家服务团河南分团为所指导的养兔示范户配制的小兔专用预混料，确保他们养兔成功，进而再带动一批养殖户，逐渐使安全高效养兔技术方案得以普及，使养兔技术提升到一个新高度。本产品是应用本团养兔界老专家多年的研究成果，将多种类添加剂科学配伍，制成2%添加量的小兔预混料，以此预混料作添加物配制成的小兔全价配合饲料自开食、补饲就开始用，用到2.5月龄，能缓解各种因素引起的幼兔应激反应，大大降低仔、幼兔的腹胀、腹泻率，成活率平均达到95%。

【产品成分】 多种维生素、多种微量元素、多种矿物质、抗球虫药、促生长剂、诱食剂、高效低毒低残留的抗生素等十多类有效成分，按2%加入全价配合饲料后，其他任何物质都不用再加入。

【功能与效果】

（1）抑制肠道病原菌的生长繁殖，促进生长。

（2）增进食欲，促进消化吸收。

（3）补充饲料中的维生素、微量元素、矿物质的不足。

（4）平衡仔、幼兔生长过程中需要的氨基酸。

（5）预防球虫病。

（6）激活肠道黏膜内的免疫组织和免疫细胞，提高免疫能力，增强抗病力。

【应用范围】 肉兔、獭兔、长毛兔的幼兔期都可以使用，到3月龄快速生长期过后，可以换成"益生王兔专用预混料"。

【用法与用量】 每袋小兔复合预混料1千克，添加在50千克全价配合饲料中。

【注意事项】 配合饲料添加本品后，一般情况下不需要再添加其他药物或添加剂。

第二种预混剂：益生王2%兔专用预混剂

本品是应中国兔业协会专家服务团河南分团委托，河南省瑞特利生物技术有限公司依托河南省科学院强大的人才和技术优势，引进国外最先进的配方技术，采用欧美动物营养专家提供基础理论的指导，由本公司技术人员结合中国的实际情况设计出的独具特色的家兔专用预混料，在原料的采购和成品的检测等方面均建立了一套完整的质量保证体系，确保产品的优质高效。

【主要成分】 优质益生菌、多种消化酶、多种维生素、多种微量元素、益生元、有机酸、抗球虫药、钙和磷等几十种有效成分组成。

【功能与效果】

（1）增加肠道有益菌群数量，保持肠道菌群平衡。

（2）平衡肠道酸碱度，起到健肠作用。

（3）促进家兔对饲料营养的消化吸收。

（4）补充饲料原料中缺失的维生素、微量元素和矿物质。

（5）激活肠黏膜中的免疫组织及免疫细胞，提高兔体的免疫力。

（6）预防兔群体发生球虫病。

（7）饲料中长期添加本品，可以健康肠道、补充营养、提高消化力、提高免疫力、有防腹胀、腹泻、促进生长的效果。

【适应范围】 肉兔、獭兔、长毛兔。生长阶段的兔（仔兔、幼兔）青年兔、成年兔，草食动物牛、羊、鹿等饲料中添加本品，有防病、促生长作用。

【用法与用量】 全价配合饲料中添加量为2%，即每袋1千克，添加在50千克饲料中。

【注意事项】 添加本产品的饲料中不能添加抗生素、磺胺类药物、大蒜素和其他杀菌抑菌药物。

本产品由中国兔业协会专家服务团河南分团委托河南省瑞特利生物技术有限公司生产，由中国兔业协会专家服务团河南分团全权代理推广。与中国兔业协会专家服务团河南分团所研制的"示范户专用2% 小兔复合预混剂"分阶段配合使用，形成一套安全、高效养兔技术方案。从仔兔开食起在其饲料中添加"示范户专用2% 小兔复合预混剂"，一直用到3 月龄，幼兔期结束，成活率可达95% 以上；用本产品加工的全价配合饲料仔、幼兔都贪吃，吃了能消化，不会因消化不良出现消化道疾病，因此幼兔期食欲旺盛、消化力强、生长快、极少生病，饲料转化率高，养兔效益高。

3 月龄以上的青年兔凡是留后备种兔和种兔群，都在全价配合饲料中添加"益生王2% 兔专用预混剂"，为青年兔和成年兔不断补充益生菌活菌和促进在肠道内生长繁殖的益生菌。使肠道内有益菌始终处于优势状态，保持肠道健康。兔群始终保持健康，没有隐患，兔场才能有很好的经济效益。

主要参考文献

［1］毛国盛，张福云，孙鹏．饲料添加剂应用技术．北京：科学技术文献出版社，1988.

［2］刘建，杨潮．兽药和饲料添加剂手册．上海：上海科学技术文献出版社，2001.

［3］阴天榜．新编畜禽用药手册．郑州：中原农民出版社，2004.

［4］易本驰，张汀，李军海．养猪科学用药指南．郑州：河南科学技术出版社，2009.

［5］向前．肉兔安全高效养殖技术．郑州：中原农民出版社，2009.